不可不知的材料知识

主　编　陈　永

参　编　王金荣　孙玉福　张金凤　吴振远
　　　　张　锐　夏　静　刘胜新　徐　锟
　　　　李孔斋　刘　峰　陈慧敏　李　响

机 械 工 业 出 版 社

本书系统地介绍了材料的基本知识，是一本学习材料知识的入门指导书。全书内容包括材料的分类及发展、材料与人类历史文化、金属材料、无机非金属材料、有机非金属材料、复合材料和生活中的材料知识共7章。本书用简洁、通俗易懂的语言和丰富的实物图片，对难于理解和记忆的材料知识进行了介绍，便于读者轻松阅读学习。

本书可供刚进入材料加工与应用领域的从业人员参考使用，也可供相关专业的在校师生参考，还可作为材料知识普及读物供广大读者阅读学习。

图书在版编目（CIP）数据

不可不知的材料知识/陈永主编.—北京：机械工业出版社，2019.11
ISBN 978-7-111-63728-8

Ⅰ.①不…　Ⅱ.①陈…　Ⅲ.①材料—基本知识　Ⅳ.①TB3

中国版本图书馆CIP数据核字（2019）第208484号

机械工业出版社（北京市百万庄大街22号　邮政编码100037）
策划编辑：陈保华　　责任编辑：陈保华　高依楠
责任校对：刘鸿雁　李　杉　封面设计：马精明
责任印制：孙　炜
保定市中画美凯印刷有限公司印刷
2020年1月第1版第1次印刷
148mm×210mm·8.25印张·228千字
0001—2500册
标准书号：ISBN 978-7-111-63728-8
定价：45.00元

电话服务　　网络服务
客服电话：010-88361066　机　工　官　网：www.cmpbook.com
010-88379833　机　工　官　博：weibo.com/cmp1952
010-68326294　金　书　网：www.golden-book.com

机工教育服务网：www.cmpedu.com

Preface 前言

材料是人类赖以生存和发展的物质基础，材料的发展引发了时代的变迁，推动了文明发展和社会进步。在文明发展和社会进步的过程中，材料是一个带有时代印迹的文明基础，人类文明的发展史，就是一部利用材料、制造材料和创造材料的历史。20 世纪 70 年代，人们把信息、材料和能源誉为当代文明的三大支柱。20 世纪 80 年代以高技术群为代表的新技术革命，又把新材料、信息技术和生物技术并列为新技术革命的重要标志。

了解材料的基本知识是人们在现代生活中必不可少的需求，随着新材料的不断涌现，人们越来越渴望掌握工作、生活中接触的材料的基本知识。

本书内容包含了材料加工与应用领域从业人员需要了解的最基本的材料知识。全书共 7 章，具体内容包括材料的分类及发展、材料与人类历史文化、金属材料、无机非金属材料、有机非金属材料、复合材料和生活中的材料知识。书中以简洁、通俗易懂的语言，丰富精美的实物图片，让读者把学习变成一件轻松开心的事。读者通过阅读本书，能够对材料的基本知识有个整体的了解。本书可供刚进入材料加工与应用领域的从业人员参考使用，也可供相关专业的在校师生参考，还可作为材料知识普及读物供广大读者阅读学习。

本书由陈永任主编，参加编写工作的有王金荣、孙玉福、张金凤、吴振远、张锐、夏静、刘胜新、徐锟、李孔斋、刘峰、陈慧敏、李响，汪大经教授对全书进行了仔细审阅。

在本书的编写过程中，我们参考了国内外同行的大量文献资料和相关标准，部分内容来自互联网，谨向有关人员表示衷心的感谢！由于编者水平有限，错误和纰漏之处在所难免，敬请广大读者批评指正；同时，我们负责对书中所有内容进行技术咨询、答疑。我们的联系方式如下：

联系人：陈先生；QQ：56973139；电子邮箱：56973139@163.com。

编　者

Contents  

第1章
材料的分类及发展

1.1 材料的分类

材料一般分为金属材料、非金属材料、复合材料三大类，非金属材料分为无机非金属材料和有机非金属材料，有机非金属材料又称高分子材料。人们的生活、学习、工作过程中均与这4种材料接触，例如：生活中会用到饭锅（金属材料）、碗（无机非金属材料）、塑料调料盒（高分子材料）、碳纤维高尔夫球杆（复合材料）；学习中用到的眼镜就包括玻璃眼镜片（无机非金属材料）、钛合金镜框（金属材料）、塑料眼镜腿套（高分子材料）。但是，如果简单地用一种材料与另一种材料结合在一起，则不属于复合材料，如有的刀具手柄处的塑料会包覆着钢铁，这个不属于复合材料，因为没有产生任何性能上的提升，而且最主要的是，它没有“复合”在一起。

1.1.1 金属材料

金属材料的分类方法有两种：一种是科学分类，一种是工业分类。

（1）科学分类　科学分类的依据及类别见表1-1。

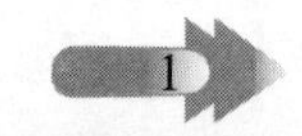

表 1-1　科学分类的依据及类别

分类依据	类　别
是否有铁	钢铁材料、非铁金属材料
颜色	黑色金属、有色金属
密度	重金属、轻金属
市场价值	贵金属、贱金属
储量	稀有金属、富有金属

（2）工业分类　一般工业生产中金属材料的分类见表 1-2。

表 1-2　一般工业生产中金属材料的分类

类　别	金属名称
黑色金属	铁、铬、锰
轻有色金属	指密度小于 4.5g/cm³ 的有色金属，包括铝、镁、钾、钠、钙、锶、钡
重有色金属	指密度不小于 4.5g/cm³ 的有色金属，包括铜、铅、锌、镍、钴、锡、镉、铋、锑、汞
贵金属	指在地壳中含量少，开采和提取都比较困难，对氧和其他试剂稳定，价格比一般金属贵的有色金属。包括金、银、铂、钯、铑、铱、钌、锇
稀有金属	指在地壳中分布不广，开采冶炼较难，在工业应用较晚的有色金属，包括钨、钼、钒、钛、铼、钽、锆、镓、铟、锗、锂、铍、铷、铯、铪、铌、铊
半金属	指物理化学性质介于金属和非金属之间的物质，包括硅、硒、碲、砷、硼

1.1.2　非金属材料

非金属材料包括无机非金属材料和有机非金属材料，有机非金属材料主要指高分子材料，无机非金属材料包括陶瓷、水泥、玻璃、固态氧化物等。

1. 无机非金属材料

无机非金属材料的特点是：耐压强度高，硬度大，耐高温，耐腐蚀。此外，水泥在胶凝性能上，玻璃在光学性能上，陶瓷在耐蚀、介电性能上，耐火材料在防热隔热性能上都有优异的特性，为金属材料和高分子材料所不及。但与金属材料相比，无机非金属材料的强度低，缺少延性，属于脆性材料；与高分子材料相比，无机非金属材料的密度较大，制造工艺较复杂。

（1）陶瓷　陶瓷在我国拥有悠久的历史，是中华民族古老文明的象征。在西安地区出土的秦始皇陵中有大批陶兵马俑，气势宏伟，形象逼真，被认为是世界文化奇迹、人类的文明宝库。唐代的唐三彩（见图 1-1）、明清景德镇的瓷器（见图 1-2）均久负盛名。

图 1-1　唐三彩

图 1-2　瓷器

1）传统陶瓷：传统陶瓷材料的主要成分是硅酸盐，自然界存在大量天然的硅酸盐，如岩石、土壤等，还有许多矿物如云母、滑石、石棉、高岭石等，它们都属于天然的硅酸盐。此外，人们为了满足生产和生活的需要，生产了大量人造硅酸盐，硅酸盐制品性质稳定，熔点较高，难溶于水，有很广泛的用途。

2）精细陶瓷：精细陶瓷的化学成分已远远超出了传统硅酸盐的范围。例如，透明的氧化铝陶瓷、耐高温的二氧化锆陶瓷（见图 1-3）、高熔点的氮化硅和碳化硅陶瓷等，它们都是无机非金属材料，是传统陶瓷材料的发展。精细陶瓷是适应社会经济和科学技术发展而发展起来的新材料，信息科学、能源技术、航天技术、生物工程、超导技术、海洋技术等现代科学技术需要大量具有特殊性能的新材料，促使人们研制精细陶瓷，并在超硬陶瓷、高温结构陶瓷、电子陶瓷、磁性陶瓷、光学陶瓷、超导陶瓷和生物陶瓷等方面取得了很好的进展。

图 1-3　二氧化锆陶瓷

3）纳米陶瓷：从陶瓷材料发展的历史来看，经历了三次飞跃。由陶器进入瓷器是第一次飞跃。由传统陶瓷发展到精细陶瓷是第二次飞跃，在此期间，不论是原材料，还是制备工艺、产品性能和应用等许多方面都有了长足的进展和提高，然而陶瓷材料的致命弱点——脆性问题没有得到根本的解决。精细陶瓷粉体的颗粒较大，属微米级，有人用新的制备方法把陶瓷粉体的颗粒加工到纳米级，用这种超细微粉体粒子来制造陶瓷材料，得到新一代纳米陶瓷，这是陶瓷材料的第三次飞跃。纳米陶瓷具有延性，有的甚至出现超塑性。如室温下合成的 TiO_2 陶瓷，它可以弯曲，其塑性变形高达 100%，韧性极好。

（2）水泥　水泥是粉状水硬性无机胶凝材料，加水搅拌后成浆体，能在空气中或者水中硬化，并能把砂、石等材料牢固地黏结在一起。

水泥按用途及性能分为通用水泥、专用水泥和特性水泥。

1）通用水泥：一般土木建筑工程通常采用的水泥。通用水泥主

要包括硅酸盐水泥、普通硅酸盐水泥、矿渣硅酸盐水泥、火山灰质硅酸盐水泥、粉煤灰硅酸盐水泥和复合硅酸盐水泥。

2）专用水泥：专门用途的水泥，如 G 级油井水泥、道路硅酸盐水泥。

3）特性水泥：某种性能比较突出的水泥，如快硬硅酸盐水泥、低热矿渣硅酸盐水泥、膨胀硫铝酸盐水泥、磷铝酸盐水泥和磷酸盐水泥。

（3）玻璃　玻璃是非晶无机非金属材料，一般是用多种无机矿物（如石英砂、硼砂、硼酸、重晶石、碳酸钡、石灰石、长石、纯碱等）为主要原料，另外加入少量辅助原料制成的。它的主要成分为二氧化硅和其他氧化物。玻璃具有各向同性、无固定熔点、亚稳性、渐变性和可逆性等性能。

1）各向同性：玻璃的分子排列是无规则的，其分子在空间中具有统计上的均匀性。在理想状态下，均质玻璃的物理、化学性质（如折射率、硬度、弹性模量、热膨胀系数、热导率、电导率等）在各方向都是相同的。

2）无固定熔点：因为玻璃是混合物而非晶体，所以无固定熔点。玻璃由固体转变为液体是在一定温度区域（即软化温度范围）内进行的，它与结晶物质不同，没有固定的熔点。

3）亚稳性：玻璃态物质一般是由熔融体快速冷却而得到的，从熔融态向玻璃态转变时，冷却过程中黏度急剧增大，质点来不及做有规则排列形成晶体，没有释放出结晶潜热，因此玻璃态物质比结晶态物质含有更高的内能，其能量介于熔融态和结晶态之间，属于亚稳状态。从力学观点来看，玻璃是一种不稳定的高能状态，存在向低能量状态转化的趋势，即有析晶倾向，因此玻璃是一种亚稳态固体材料。

4）渐变性和可逆性：玻璃态物质从熔融态到固体状态的过程是渐变的，其物理、化学性质的变化也是连续的和渐变的。这与熔体的结晶过程明显不同，结晶过程必然出现新相，在结晶温度点附近，许多性质会发生突变。而玻璃态物质从熔融状态到固体状态是在较宽温度范围内完成的，随着温度逐渐降低，玻璃熔体黏度逐渐增大，最后形成固态玻璃，但是此过程中没有新相形成。相反玻璃加热变为熔体的过程也是渐变的。

2. 有机非金属材料

有机非金属材料又称高分子材料，高分子材料是由一种或几种结构单元多次（$10^3 \sim 10^5$）重复连接起来的化合物。它们的组成元素不多，主要是碳、氢、氧、氮等，但是相对分子质量很大，一般在一万以上，有的可高达几百万。

1）来源分类：高分子材料按来源分为天然高分子材料和合成高分子材料。天然高分子是存在于生物体内的高分子物质，可分为天然纤维（见图 1-4）、天然树脂、天然橡胶、动物胶等。合成高分子材料主要是指塑料、合成橡胶和合成纤维（见图 1-5）三大合成材料，此外还包括胶黏剂、涂料以及各种功能性高分子材料。合成高分子材料具有天然高分子材料所没有的或较为优越的性能——较小的密度，较高的力学性能、耐磨性、耐蚀性、电绝缘性等。

图 1-4　天然纤维

图 1-5　合成纤维

2）应用分类：高分子材料按特性分为橡胶、纤维、塑料、高分子胶粘剂、高分子涂料和高分子基复合材料等。

1.1.3　复合材料

复合材料是由两种或两种以上不同性质的材料，通过物理或化学方法组成的具有新性能的材料。各种材料在性能上互相取长补短，产生协同效应，使复合材料的综合性能优于原组成材料而满足各种不同的要求。

（1）结构复合材料　结构复合材料是作为承力结构使用的材料，基本上由能承受载荷的增强体组元与能连接增强体成为整体材料同时又起传递力作用的基体组元构成。

（2）功能复合材料　功能复合材料一般由功能体组元和基体组元组成，基体不仅起到构成整体的作用，而且能产生协同或加强功能；功能体是指除力学性能以外，提供其他物理性能的材料，如导电、超导、半导、磁性、压电、阻尼、吸波、透波、屏蔽、阻燃、防热、吸声、隔热等，一般凸显某一功能。

1.2　材料的发展历史

材料的发展历史如图 1-6 所示。

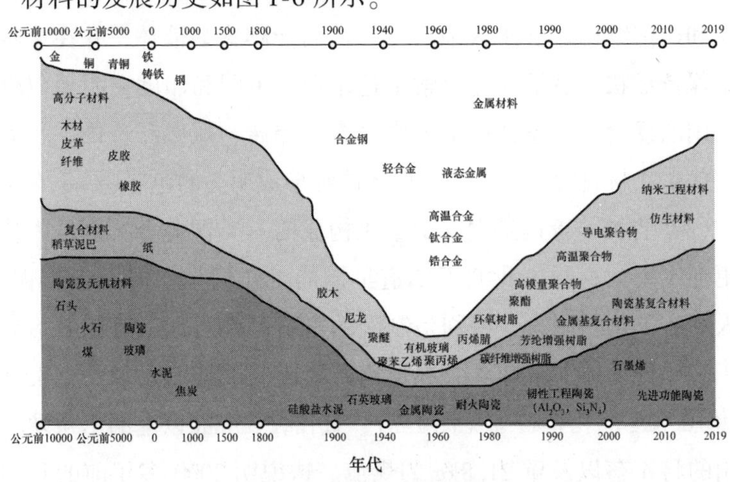

图 1-6　材料的发展历史

1.3 历史上极具影响力的15种材料

（1）木材　木材是唯一一种伴随着人类历史发展而一直存在的材料，从数百万年前的非洲一直延续到现在。木材出现于石器时代之前，早期的人类离不开森林，我们的原始工具几乎全部是木材——原木、木棒、树皮、树枝、竹子及其他木质工具，木质的多样性让其他材料无法媲美。木材遵循自然的设计，自然赋予木本植物多种强度、密度和柔韧性。掌握木材加工技术让人类能够将河流和海洋从阻碍变成道路；即使小木材也可用来建造栅栏、屋子、墙壁、床、椅子、篮子和桶等生活用品。从20世纪开始，加工技术使木材的应用拓展到全新的形式，包括切片、层压板、实木颗粒和木质芯片等。

（2）陶瓷　对于考古学家来说，陶器存在与否是社会发展程度最基本的指标之一，在无陶器社会几乎没有贮存食物或水的方法。因此，在学会烧制黏土之前，社会的农业发展规模非常有限。先将黏土成形，然后干燥硬化，但只有在足够高的温度下，黏土的化学性质和内部结构才会永久地改变，从而能够盛装液体，并在多种环境中保持形状。最早期的美索不达米亚、中国和印度文明不仅创造了实用的盛食器，还创造了五彩缤纷的瓷砖、雕像和首饰。将黏土与其他矿物材料混合，在加热后还能够形成明亮的色彩层——釉层。

（3）青铜　青铜是铜与少量锡构成的一类铜合金，也是古代比铜更加实用的材料。我们不知道早期的工匠们是如何发现青铜的。当人们有了长期用火，特别是制陶的丰富经验后，也为铜的冶炼准备了必要的条件。1933年，在河南省安阳县殷墟的发掘中，发现了重达18.8kg的孔雀石（见图1-7）、直径在35mm以上的木炭块、炼铜用的将军盔以及重21.8kg的煤渣。这说明3000多年前的我国古代劳动人民就已经掌握了从铜矿中冶炼铜的技能。青铜时代是人类利用金属的第一个时代，是以青铜器为标志的人类文化发展的一个阶段。

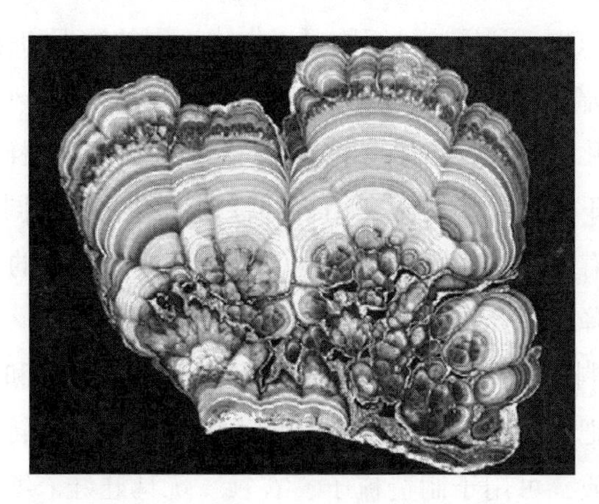

图 1-7　孔雀石

（4）钢铁　即使在 21 世纪，也没有比铁更重要的金属了，而且铁已存在近 3000 年。从历史上看，铁主要有三种应用形式：锻铁、铸铁和钢。工匠们完全依靠经验和观察，发现了这些形式并连续使用了几个世纪。人们直到 19 世纪才弄清楚它们之间的差异，尤其是碳的作用。

（5）纸　纸是我国灿烂文化中最有创造性的发明之一。在数千年之前，人们将语言写在石头、黏土、木材、布、皮肤和其他表面上，然后人们发明了纸。从植物、布料中得到纤维，通过浸润过滤掉腐烂部分，将所剩部分重构成随机缠结的片材，通过仔细的加压成片，干燥，之后用淀粉密封成形，最终得到不同柔韧度的纸张。在现代，尽管选择多样，且电子媒体也不断兴起，但一个没有纸的世界对我们也是不现实的。

（6）织物　织物是人类掌握的第一种复杂制造技术。像蚕丝、棉花或羊毛等纤维一直存在，但必须经过处理才能够制成织物。在历史发展过程中，织物因其多样性而备受人们喜爱。我国在5000多年前就发现了可以利用蚕茧缫丝来制作薄且精致布料的方法。约在同一时期，古印度和古埃及的布料制造商正在将棉花纤维纺成一种非常实用的织物，利用这种织物可以做成不同的纹理和样式。

（7）玻璃　第一块玻璃的产生极有可能是一场意外。沙子进入窑炉然后融化了，这产生了一种类似于陶瓷材料并同样具有冷脆性质的物质，不过实际上两者在结构和性质上是非常不同的。玻璃是通过加热混有“助熔剂”的沙子（二氧化硅）而制成的，“助熔剂”是一种可以降低混合物熔点的矿物质（如碳酸钠）。

（8）塑料　第一种实现商业化的塑料是由硝化棉和樟脑制成的赛璐珞。当把这两者混合在压力环境下加热时，它们转变成一种应用广泛的物质，可用于制造梳子、衣领、玩具娃娃、纸牌以及乒乓球等产品。在20世纪，使用塑料与其他物质相结合得到新塑料，相比于原来的塑料拥有更好的性能。通常由煤或石油生产的副产品制成的新塑料被制成更多的产品。这些材料的特性也使得它们在更多领域有所应用，如电气设备、外壳材料、医用设备等。

（9）橡胶　与塑料密切相关的是橡胶，这种物质起初作为天然产品被南美早期探险家带到欧洲。直到大约1840年，查尔斯·固特异才发现如何将橡胶制成一系列稳定的产品，并将其应用于从梳子到充气筏等许多产品。橡胶充气轮胎在20世纪被认为是汽车交通运输必不可少的产品之一，这种依赖性导致了合成橡胶的发明。

（10）铝　铝在地壳中储量丰富，占地壳质量分数的8.2%，居所有金属元素之首，因其性能优异，已在几乎所有工业领域中得到应用。铝具有银白色光泽，密度小（$2.72g/cm^3$），熔点低（660.4℃），具有优良的导电、导热性能（仅次于银、铜和金），为非磁性材料。铝及铝合金化学性质活泼，在空气中极易氧化形成一层牢固致密的表面氧化膜，从而使其在空气及淡水中具有良好的耐蚀性。虽然纯铝极软且富延性，但仍可通过冷加工及做成合金来使它硬化。铝作为轻型结构材料，重量轻，强度大。海、陆、空各种运载工具，特别是飞机、导弹、火箭、人造地球卫星等，均使用大量的铝，一架超音速飞机的用铝量占其总重量的 70%，一枚导弹的用铝量占其总重量的 10% 以上。2008 年北京奥运会的火炬“祥云”（见图 1-8）的材质就是铝合金。

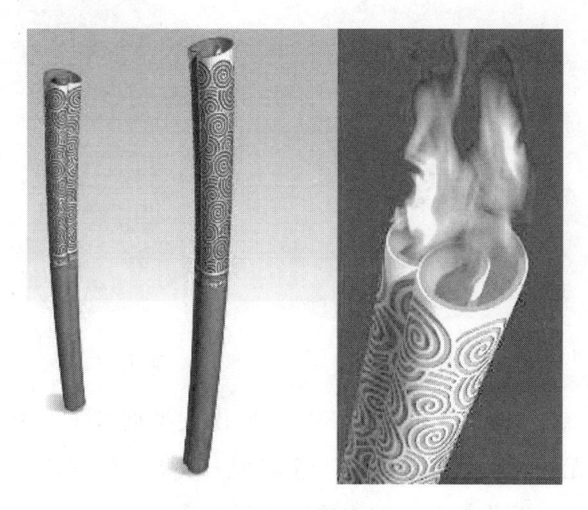

图 1-8　铝合金制作的“祥云”火炬

（11）半导体　随着科学家开始更深入地了解材料的各种性质，特别是从 19 世纪中叶开始，他们更加关注的材料特性之一便是电流如何通过材料。一些物质，如木头或玻璃，似乎能抵抗电流的通过，而其他物质中，电流是相对容易流动的。前者被用作绝缘材料，后者例如铜、铝等作为导体，通常是导线的原料。这些对电性质的研究发现了另外一类性能位于绝缘和导电两者之间的材料——半导体，半导体（见图 1-9）可以允许电流通过，但是在某些特定物理条件下会出现特别电性能。20 世纪初，发明家设计出了一种控制电流和波的方式，创造了新形式的通信交流方式，如广播和电视。他们发现的方式涉及控制电子：当精确控制电子的运动时，声音、光和其他现象可以被拾取、传播、复制、放大和操纵，以用于通信、娱乐、调查和计算，这些在之前是不可能实现的。随着将廉价可靠的整个复杂电路（包括数字计算机的工作）印刷在硅晶片（见图1-10）上的技术的发展，信息革命将成为可能。

图1-9　半导体

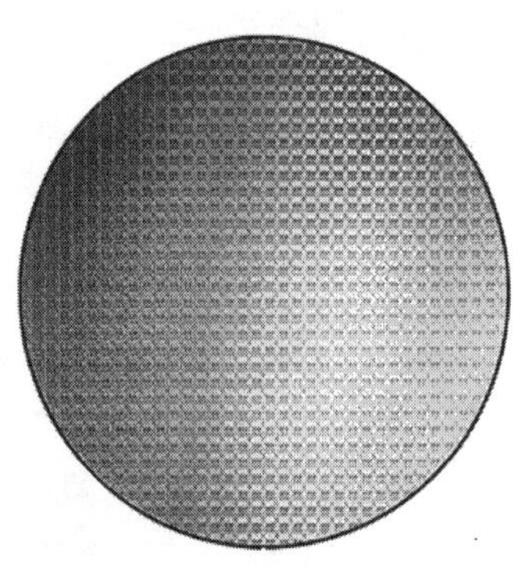

图1-10　硅晶片

（12）铀　铀-235的核裂变反应使得人类拥有了一种清洁、高效、近乎无限的能源。铀开采工业的大力发展，迅速地建立起了独立完整的核能工业体系。铀主要应用于核武器和核电站，原子弹的核心物质就是铀。图1-11所示为原子弹爆炸时的情景。

图1-11　原子弹爆炸

（13）碳纤维　碳纤维“外柔内刚”，既坚如磐石，又韧如发丝，并被喻为是当今世界上材料综合性能的顶峰，是 21 世纪的黑色革命，被称为新材料之王。碳纤维主要应用在航空航天、汽车、风力发电、电磁屏蔽、运动器材、压力容器等领域。图 1-12 所示为碳纤维自行车。

图 1-12　碳纤维自行车

（14）氮化镓　氮化镓使蓝光 LED（Light Emitting Diode，发光二极管）成为可能。蓝光 LED 的出现使白光可以以新的方式被创造出来，人们在制造节能光源方面进入了“自由之境”，为人类节能迈出了一大步。图 1-13 所示为 LED 灯光璀璨的城市夜景。

图 1-13　LED 灯光璀璨的城市夜景

（15）ITO　ITO 是一种 N 型氧化物半导体——氧化铟锡，ITO 薄膜即铟锡氧化物半导体透明导电膜。在 ITO 导电透明薄膜（见图 1-14）出现之前，透明材料能带隙宽度大，自由电子少；另一方面，电导率高的材料自由电子多，像金属一般不透明。ITO 将二者的矛盾完美解决，使得其被广泛应用于各种光电器件中，打破了人们的传统观念。

图 1-14　ITO 导电透明薄膜

第 2 章

材料与人类历史文化

材料构筑了整个世界，是世界一切的载体，包括人类都是材料构成的。回顾人类的历史，从科学的角度看，就是一部材料进步发展史。材料是指人类用以制造各种有用器件的物质，它是人类生产和生活所必需的物质基础，是人类文明史的里程碑。材料的进步见证了人类改造自然能力的每一个发展节点。可以说，人类发现和使用材料的历史，几乎和人类的历史一样悠久。远古时期的旧石器时代，是人类使用天然材料，如兽皮、甲骨、羽毛、树木、石块等的时期，新石器时代则随着对石器加工制作水平的提高，出现了原始手工业，如制陶和纺织等。从石器时代进入金属材料时代，是人类历史上一次伟大的进步。“从猿到人”的过程中材料发挥着重要的作用，如图 2-1 所示。

图 2-1　“从猿到人”的过程中材料发挥着重要的作用

由于材料的重要性，材料的发展水平和利用程度已成为人类文明进步的标志，比如我们所熟知的历史时代，就是根据人类在某个时期所使用的材料的特征来划分的，如图 2-2 所示。20 世纪 70 年代，人们把材料、能源和信息并列称为现代文明的三大支柱，也是现代工业的三大朝阳产业。

图 2-2　材料发展与人类社会的关系

2.1　青铜器时代

青铜器时代是人类利用金属的第一个时代，是以使用青铜器为标志的人类文化发展的一个阶段。从此，虽然石器没有完全被淘汰，但石器时代终究被青铜器时代所代替。

我们俗话说的青铜是纯铜（紫铜）与锡或铅形成的合金，熔点在 700～900℃范围内，比纯铜的熔点（1083℃）低。含锡 10%（质量分数）的青铜，硬度是纯铜的 5 倍左右，性能优良，俗语说的“三尺青锋”指的就是用青铜制造的宝剑。康有为曾用“千山风雨啸青锋”形容自己离京后仍大有可为，表明了自己面对巨大压力时一种从容不迫、坚定不移的品格。青铜器的出现对提高社会生产力起到了划时代的作用，黄河流域是世界上青铜器发明最早的地区之一。那些隐埋于历史时光中的无名天才们，创造了绵延 1500 多年(从夏初至战国末）中国青铜器的萌生、发展和变化的历史，包括青铜兵器、青铜礼器、青铜雕像、青铜纹饰、青铜铭文、青铜音乐和青铜钱币等。

2.1.1　青铜器时代早期

青铜器时代早期大约从公元前 2100 到公元前 1500 年，当时人类已经会使用火，在偶然的情况下，他们将色彩斑斓的铜矿石（孔雀石、蓝铜矿、黄铜矿、斑铜矿、辉铜矿等）扔进火堆里，由于矿石的多样性，这样就无意间熔炼出了纯铜（见图 2-3）、青铜等金属。

图 2-3　纯铜

2.1.2　青铜器时代中期

青铜器时代中期大约从公元前 15 世纪到公元前 11 世纪，此时期奴隶制进一步发展繁荣，青铜铸造工艺已相当成熟，青铜器数量大增，我国青铜器时代达到鼎盛时期，也是奴隶制发展的典型时期。这时的青铜文化以安阳殷墟为代表，这里是商王朝的政治统治中心，也是青铜铸造业的中心。俗话说“民以食为天”，当有了合适的材料之后，人们最先想到的还是提高自己的生活水平，于是各种青铜质的饮食用具纷纷诞生。但是，体积大且制作精美的餐具那时候还是王侯之家的专属，“钟鸣鼎食之家”指代的就是王侯之家。可见那时候鼎在人心目中的地位。

那个时期的青铜器风格凝重，纹饰以奇异的动物为主，形成狞厉之美，如著名的司母戊大方鼎和四羊方尊（见图 2-4 和图 2-5）。据考古学者分析四羊方尊是用两次分铸技术铸造的，即先将羊角与龙头单个铸好，然后将其分别配置在外范内，再进行整体铸造。整个器物用块范法铸造，一气呵成，鬼斧神工，显示了高超的铸造水平。很难想象，当年工匠们是怎样夜以继日地工作，凭借高超的铸造工艺，才将器物与动物形状结合起来，使之千年不朽。

图 2-4　司母戊大方鼎

图 2-5　四羊方尊

2.1.3　青铜器时代晚期

青铜器时代晚期大约从公元前 10 世纪到公元前 8 世纪，是中国奴隶制社会逐渐走向衰落的阶段。青铜铸造工艺取得突破发展，出现了分铸法、失蜡法等先进工艺技术。

此时期的青铜器造型精巧生动，纹样精密，形成装饰与观赏结

合之美，如青铜神树（见图 2-6）。在青铜神树的枝干上可以清晰地看到用来垂挂器物的穿孔，青铜制作的发声器可以悬挂在铜树上。3000 年前，当风吹过的时候，人们可以聆听到由青铜件的摇曳和碰撞奏出的音响，那一阵阵清脆的声响证明着一个伟大的青铜器时代在我国达到了顶峰。

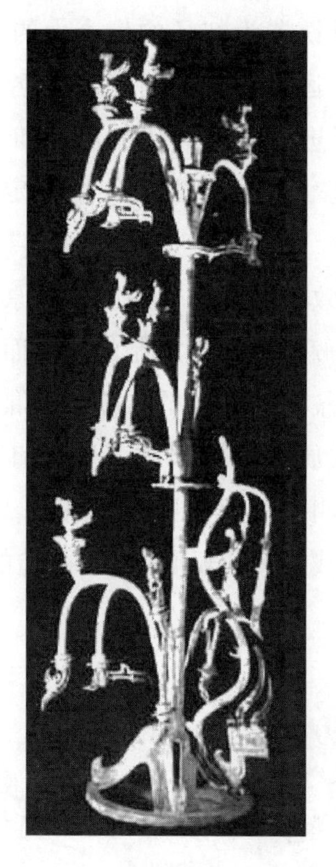

图 2-6　青铜神树

2.2 铁器时代

当人们在冶炼青铜的基础上逐渐掌握了冶炼铁的技术之后，铁器时代就到来了。铁器时代是人类发展史中一个极为重要的时代。铁器坚硬、韧度高、锋利，胜过石器和青铜器。铁器的广泛使用，使人类的工具制造进入了一个全新的时期，生产力得到极大的提高。春秋战国时期，旧制度、旧统治秩序被打破，新制度、新统治秩序在确立，新的阶级力量在壮大。隐藏在这一过程中并构成这一社会变革的根源则是以铁器为特征的生产力的革命。生产力的发展最终导致各国的变革运动和封建制度的确立，也导致思想文化的繁荣。铁器的使用促进了农耕时代的出现和发展，拥有大量土地是一个人财富的标志，我国历史上一个特定的名词——“地主”便诞生了。

铁器的使用，导致了世界上一些民族从原始社会发展到奴隶社会，也推动了一些民族脱离了奴隶制的枷锁而进入了封建社会。在自然界中，单质状态的铁（见图 2-7）只能从陨石中找到（见图 2-8），陨石中铁的质量分数很高，是铁和镍、钴等金属的混合物，埃及人干脆把铁叫作“天石”。陨铁可用于打造兵器，采用纯陨铁材质、由祖传十六代铸剑师郑国荣主持铸造的“中华神剑”，被北京奥组委永久收藏。

图 2-7　金属铁

图 2-8　铁陨石

有趣的是，铁虽然不是最硬的金属，但是人们总是用铁来形容各种人和事物的坚硬，如“铁肩担道义”“铁人”“钢铁战士”“雄关漫道真如铁”等。

2.3 钢铁时代

19 世纪中期更高效的炼钢方法——转炉炼钢法的诞生，标志着早期工业革命从“铁时代”开始向“钢时代”的演变，转炉的出现使炼钢生产由手工业规模变成了机器大工业规模，在冶金发展史上具有划时代的意义。从那时起，钢铁一直是最重要的结构材料，在国民经济中占有极重要的地位，是现代化工业最重要和应用最多的金属材料。所以，人们常把钢产量、品种、质量作为衡量一个国家工业、国防和科学技术发展水平的重要标志。

在国民经济建设和人们日常生活中，金属材料无所不在。空中的飞机、水中的轮船、地面的火车、钢架结构的鸟巢、工程机械和各类生活用品几乎都是用金属制造的，如图 2-9 所示。没有金属材料人们将无法生存。

图 2-9　金属材料制品

a）飞机　b）轮船　c）火车　d）体育场　e）工程机械　f）生活用品

人类的进步和金属材料息息相关，从 5000 年前的青铜器、3000 年前的铁器，到现代的铝、当代的钛，它们在人类的文明进程中都扮演着重要的角色。金属活泼性与其被发现年代的关系如图 2-10 所示。

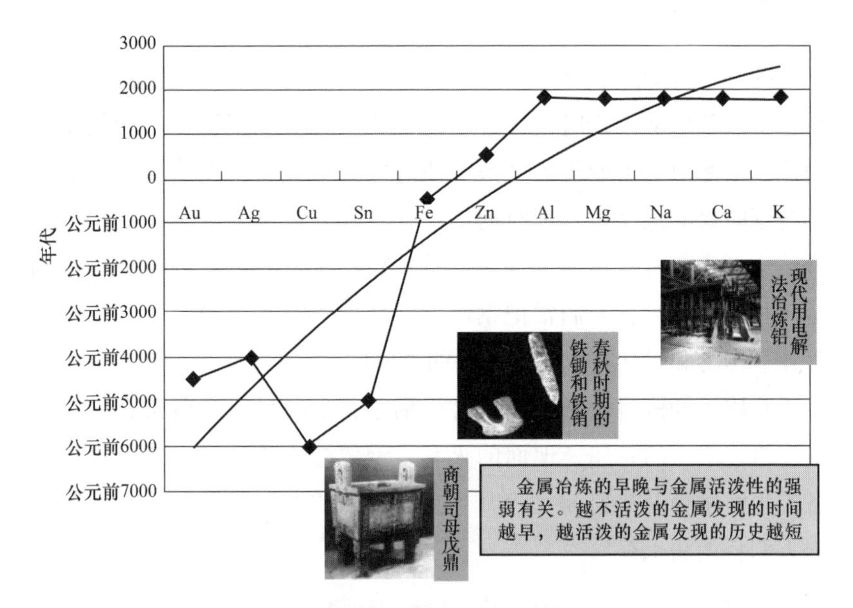

图 2-10　金属活泼性与被发现年代的关系

苏联在 1957 年把第一颗人造卫星送入太空，令美国人震惊不已，认识到了他们在导弹火箭技术上的落后。因此在其后的 10 年里，在十多所大学中陆续建立了材料科学研究中心，并把约 2/3 大学的冶金系或矿冶系改建成了冶金材料科学系或材料科学与工程系。可见，尖端技术需要先进材料的支持。

2.4 新材料时代

在现代社会，材料为人类的生活提供了最基本的服务，材料在种类上的扩展和功能上的发掘，为经济的持续发展提供了必不可少的支持，推动了人类社会的发展。

1. 碳纤维

碳纤维被喻为是当今世界上材料综合性能的顶峰，是 21 世纪的黑色革命，是适应航天、航空、核能等尖端工业发展的需要而研制开发的一种新材料。

碳纤维是以黏胶丝、聚丙烯脂或沥青等有机母体纤维，经过高温分解在 1000～3000℃的惰性气体下制成的一种新型合成纤维，结构类似于编织布（见图 2-11）。经过高温分解，原来材料中碳以外的所有元素都被分离出来。所以碳纤维中碳的质量分数在 90% 以上。由片状石墨微晶等有机纤维沿纤维轴向方向堆砌而成，经炭化及石墨化处理而得到的微晶石墨材料。

图 2-11　像编织布一样的碳纤维

碳纤维“外柔内刚”，是一种力学性能优异的新材料，它是一种合成纤维，不仅有碳材料原来的特性，还兼具纺织纤维的柔软性和加工性。如果单就碳纤维一种材料很难说明它性能的优越，在业内，人们一般将它和其他材料进行比较从而显示它的与众不同。碳纤维的强度比钢大、密度比铝小、耐蚀性比不锈钢好、耐热性比耐热钢强、导电性介于金属和非金属之间。此外，碳纤维还具有许多电学、热学和力学特性，X 射线穿透性好，是新一代增强纤维，在国防军工和民用方面都有广泛应用。美中不足的是碳纤维的抗冲击性比较差，容易损伤，而且在强酸中很容易发生氧化，与金属复合会让金属发生碳化、渗碳及电化学腐蚀反应。因而，碳纤维要先进行表面处理之后才能使用。

碳纤维按原料来源可分为聚丙烯腈（PAN）基碳纤维、沥青基碳纤维、粘胶基碳纤维、酚醛基碳纤维、气相生长碳纤维；按性能可分为通用型碳纤维、高强型碳纤维、中模高强型碳纤维、高模型碳纤维和超高模型碳纤维；按状态分为长丝、短纤维和短切纤维；按力学性能分为通用型碳纤维和高性能型碳纤维。随着航天和航空工业的发展，还出现了高强高伸型碳纤维，其制作的管子如图 2-12 所示。而用量最大的是聚丙烯腈 PAN 基碳纤维，市场上 90% 以上碳纤维以 PAN 基碳纤维为主。那么，碳纤维究竟是如何制出来的呢？

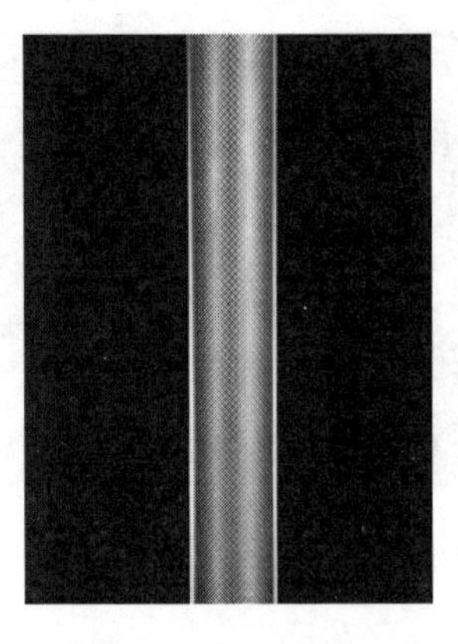

图 2-12　高强高伸型碳纤维制作的管子

碳纤维是一种碳的质量分数在 95% 以上的高强度、高模量的新型纤维材料。它是由片状石墨微晶等有机纤维沿纤维轴向方向堆砌而成，经炭化及石墨化处理而得到的微晶石墨材料。碳纤维是一种力学性能优异的新材料，它的密度不到钢的 1/4，碳纤维树脂复合材料拉伸强度一般都在 3500MPa 以上，是钢的 7 ~ 9 倍，拉伸弹性模量为 23000 ~ 43000MPa。随着从短纤碳纤维到长纤碳纤维的学术研究，使用碳纤维制作材料的技术和产品也逐渐进入军用和民用领域。车用碳纤维复合材料可用作汽车传动轴、板簧、构架和制动片等制件。

2. 石墨烯

随着现代化科学仪器的不断进步，人类研究的尺度也越来越精细。已经进入到纳米、甚至更小的原子级别。人们对石墨的结构已有了完全的认识，甚至预言了单层的石墨可能会具有非常好的物理性质。

石墨的晶体结构是层状的，靠微弱的范德华力把相邻的两层贴合在一起。层与层之间充斥着大量的电子，因此，石墨是良好的导电体。而单个石墨层，则是碳原子与碳原子相互连接形成正六边形，并延伸成一张广大的原子网，这张网上的原子连接得如此结实，使这张网比钻石还硬。

有过削铅笔经验的小伙伴们都很清楚，铅笔中的石墨芯是很软的，而且很容易就掰断了。用铅笔书写，其实就是一个将芯上脱落的石墨颗粒留在纸面上的过程。这是因为石墨相邻分子层粘合力很弱，石墨层很容易发生相互移动或剥离。用透明胶带粘在石墨上，然后反复一遍又一遍地撕胶布，直到胶带上的石墨越来越薄，直至一个原子的厚度，也就获得了单层的石墨，又被称为石墨烯（见图 2-13）。

图 2-13　石墨烯

石墨烯是目前在科技界最为流行的一种高性能材料，单层原子的厚度和各种优良性能，使它在各行各业都具有极高的应用潜力。从神奇的石墨烯纸片到快速充电电池，再到石墨烯导电塑料、石墨烯屏蔽线、石墨烯地热片、石墨烯柔性手机、石墨烯碳纤维、石墨烯导热膜等。

1）石墨烯具备在防腐、防水、导电或抗静电涂料等领域快速拓展的潜力。

2）目前大规模集成电路、超大规模集成电路等都是以硅为基础材料制备得来的。科学界对新一代的半导体材料的寻找从未停止，石墨烯被看作是有希望替代硅实现半导体产业革命的超级材料之一。石墨烯在半导体材料中的应用属于高级应用。

3）超级电容器是一种介于电池和传统静电电容器之间的新一代能源装置，因为充放电的过程始终只涉及物理变化，所以超级电容器具有性能稳定、充电时间短、循环次数多、电容量大等特点。

4）传统的透明导电膜都使用 ITO（氧化铟锡）膜，占据了显示面板 40% 左右的成本。随着可穿戴设备的兴起，以及移动终端、车载显示、智能家用电器等领域对显示设备柔性甚至可弯曲的要求，石墨烯薄膜将实现对 ITO 的逐步替代。石墨烯导电性和透光性优于 ITO，同时，碳原子独特的二维连接方式能够满足显示面板柔性甚至弯曲折叠的要求。

5）在智能手机、笔记本电脑等移动终端电子设备蓬勃发展的大背景下，设备高功率运行的散热问题一直是业界的关注点。石墨烯是已知的热导率最高的物质，远高于石墨。石墨烯所具有的快速导热特性与快速散热特性，使得石墨烯成为传统石墨散热膜的理想替代材料。随着智能手机大屏化，智能终端芯片高速化等趋势，对设备的散热能力要求越来越高，也开拓了导热性能更好的石墨烯导热膜充足的发展空间。

3. 纳米材料

大家见过大海的辽阔，了解天空的广袤，知道宇宙的浩瀚，但是否了解世界可以有多小呢？

纳米材料是指尺度在1~100nm的极小物体。在如此小的尺度上，材料的物理、化学和生物学特性与宏观尺度的物体相比，通常有巨大的差异。比如，低强度或脆性合金会获得高强度、高延性，化学活性低的化合物会变成强力催化剂，不能受激发光的半导体会变得能够发射强光。纳米技术的优势主要体现在通过控制原子级或分子级的物质创造新的材料上。由于具备理想的力学、化学、电学、热学或光学性能，这些新型纳米材料被应用于日常用品及工业制造之中。

纳米材料大致可分为纳米陶瓷、纳米粉末、纳米纤维、纳米膜、纳米块体五类。

（1）纳米陶瓷　利用纳米技术开发的纳米陶瓷材料是利用纳米粉体对现有陶瓷进行改性，通过向陶瓷中加入或生成纳米级颗粒、晶须、晶片纤维等，使晶粒、晶界以及他们之间的结合都达到纳米水平，使材料的强度、韧性和超塑性大幅度提高。它克服了工程陶瓷的许多不足，并对材料的力学、电学、热学、磁光学等性能产生重要影响，为代替工程陶瓷的材料开拓了新领域。

（2）纳米粉末　又称为超微粉或超细粉，一般指粒度在100nm以下的粉末或颗粒，是一种介于原子、分子与宏观物体之间的处于中间物态的固体颗粒材料，可用作高密度磁记录材料、吸波隐身材料、磁流体材料、防辐射材料、单晶硅和精密光学器件抛光材料、微芯片导热基片与布线材料、微电子封装材料、光电子材料、先进的电池电极材料、太阳能电池材料、高效催化剂、高效助燃剂、敏感元件、高韧性陶瓷材料（摔不裂的陶瓷，用于陶瓷发动机等）、人体修复材料、抗癌制剂等。

(3) 纳米纤维　指直径为纳米尺度而长度较大的线状材料，可用作微导线、微光纤（未来量子计算机与光子计算机的重要元件）材料，新型激光或发光二极管材料等。静电纺丝法是制备无机物纳米纤维的一种简单易行的方法。

(4) 纳米膜　纳米膜分为颗粒膜与致密膜。颗粒膜是纳米颗粒粘在一起，中间有极为细小的间隙的薄膜；致密膜指膜层致密且晶粒尺寸为纳米级的薄膜。纳米膜可用作气体催化（如汽车尾气处理）材料、过滤器材料、高密度磁记录材料、光敏材料、平面显示器材料、超导材料等。

(5) 纳米块体　纳米块体是将纳米粉末高压成形或控制金属液体结晶而得到的纳米晶粒材料，主要用作超高强度材料、智能金属材料等。

新型纳米材料具有稳定性好、强度高、比表面积大和碳来源丰富等特点，是最具发展潜力的前沿材料，也是主导未来高科技竞争的战略材料。由其制备的器件，在能源的高效存储与应用、光电子器件、传感器等领域呈现出诱人的前景，甚至有望引发颠覆性的产业革命。

第3章

金属材料

3.1 金属材料之最

金属材料之最见表3-1。

表3-1 金属材料之最

序号	名称	项 目	备 注
1	铜	最早使用的金属	我国最早的铜器距今已有4000余年的历史
2	锗	最纯的金属	区域融熔技术提纯的锗，纯度达13个9
3	钋	最少的金属	丰度约占地壳的100万亿分之一
4	铝	最多的金属	丰度约占地壳的8%，地球上到处都有铝的化合物
5	汞	熔点最低的金属	熔点为−38.7℃
6	钨	熔点最高的金属	熔点为3410℃
7	金	展性最好的金属	1g金可拉成4000m长的细丝，金箔厚度可达5×10^{-4}mm
8	铂	延性最好的金属	最细的铂丝直径只有1/5000mm
9	钠	硬度最小的金属	莫氏硬度为0.4
10	铬	硬度最大的金属	莫氏硬度为9
11	镍	最常见对人致敏性的金属	约有20%左右的人对镍离子过敏
12	银	导电性最好的金属	导电性为汞的59倍

（续）

序号	名称	项　　目	备　　注
13	钯	最能吸收气体的金属	常温下1体积金属钯能吸收900～2800体积的氢气
14	钙	人体中含量最高的金属元素	约占人体质量的1.4%
15	锂	密度最小的金属	密度约为0.5g/cm³
16	锇	密度最大的金属	密度约为22.59g/cm³

3.2 铁、生铁及铁合金

3.2.1 铁

铁是最常用的金属，密度为7.87g/cm³，熔点为1536℃，沸点为3070℃，有很强的磁性和良好的变形能力及导热性。铁比较活泼，在金属活动顺序表里排在氢的前面。铁在干燥空气中很难跟氧气反应，但在潮湿空气中很容易腐蚀，在酸性气体或卤素气氛中腐蚀得更快。铁易溶于稀的无机酸和浓盐酸，会生成二价铁盐，并放出氢气。在常温下遇浓硫酸或浓硝酸时，表面生成一层氧化物保护膜，使铁“钝化”，故可用铁制品盛装浓硫酸或浓硝酸。

铁矿物种类繁多，目前已发现的铁矿物和含铁矿物约300余种，其中常见的有170余种。但在当前技术条件下，具有工业利用价值的主要是磁铁矿、赤铁矿、磁赤铁矿、钛铁矿、褐铁矿和菱铁矿等。

铁是世界上发现最早，利用最广，用量也是最多的一种金属，其消耗量约占金属总消耗量的95%左右。铁矿石主要用于钢铁工业冶炼含碳量不同的生铁（碳的质量分数一般不小于2%）和钢（碳的质量分数一般小于2%）。生铁通常按用途不同分为炼钢生铁、铸造生铁、合金生铁。钢按组成元素不同分为碳素钢、合金钢。此外，铁矿石还用作合成氨的催化剂、天然矿物颜料（赤铁矿、镜铁矿、褐铁矿）等，但用量很少。钢铁制品广泛用于国民经济各部门和人民生活各个方面，是社会生产和公众生活所必需的基本材料。自从19世纪中期发明转炉炼钢法实现钢铁工业大生产以来，钢铁一直是最重要的结构材料，在国民经济中占有极重要的地位，是现代化工业最重要和应用最多的金属材料。所以，人们常把钢产量、品种和质量作为衡量一个国家工业、国防和科学技术发展水平的重要标志。

3.2.2 生铁

生铁是碳的质量分数大于2.14%的铁碳合金。工业生铁中碳的质量分数一般为2.5%～4%，并含碳、硅、锰、硫、磷等元素，是用铁矿石经高炉冶炼的产品。生铁按用途不同分为炼钢生铁和铸造生铁。

1）炼钢生铁是炼钢的主要原料，在生铁产量中占80%～90%，硬而脆，断口呈白色，也叫白口铁。一般含硅量较低，含硫量较高。

2）铸造生铁是指用于铸造各种铸件的生铁，俗称翻铁砂，在生铁产量中占10%左右，是炼钢厂的主要商品，断口呈灰色，所以也叫灰口铁。一般含硅量较高，含硫量稍低。

3.2.3 铁合金

铁合金是由一种或两种以上的金属或非金属元素与铁元素融合在一起的合金。广义的铁合金是指炼钢时作为脱氧剂、元素添加剂等加入铁液中使钢具备某种特性或达到某种要求的一种产品。铁与一种或几种元素组成的中间合金主要用于钢铁冶炼。在钢铁工业中，一般还把所有炼钢用的中间合金，不论含铁与否（如硅钙合金），都称为“铁合金”，习惯上还把某些纯金属添加剂及氧化物添加剂包括在内。

3.3 铸铁及铸钢

3.3.1 铸铁

铸铁与生铁的主要区别是进行了二次加工，即将铸造生铁在炉中重新熔化，并加入铁合金、废钢进行成分调整而得到的。铸铁中碳的质量分数大于2.11%。铸铁具有许多优良的性能且生产简便、成本低廉，是应用最广泛的材料之一。

1. 铸铁的发展历程

铸铁是块状炼铁和液态炼铁发展过程中的产物。块状炼铁最早出现在西南亚地区，公元前1200～前1000年其使用已达到一定规模。公元前800年冶炼方法传到欧洲；公元前500年传到英国。块状炼铁是一种最原始的炼铁方法，其炼铁炉用石头或黏土砌成，侧面开有小孔，插入陶土制成的风管，用皮囊送风，使用富铁矿石，以木炭或木柴为燃料，约在1000℃温度下进行固体还原，炼成的铁沉落于炉底，待炉冷后取块。块状炼铁工艺与产物如图3-1所示。此种铁块结构疏松、氧化夹杂多，几乎不含碳、硅、锰等元素，所

a）

b）

图3-1　块状炼铁工艺与产物

a）块状炼铁工艺　b）块炼铁产物

以质地柔软，可在较低温度下锻打，排除夹杂并成形，称为镖铁、锻铁或海绵铁。

我国在公元前6世纪就进行了液态炼铁，比西方约早千余年。块状炼铁炉温较低，化学反应慢，故产量低，夹杂又多，在炼铜竖炉大风机的启发下，创造出液态炼铁。炉子加高，炉内煤气流与矿石接触时间长，矿石预热效果提高，鼓风增强，燃烧旺盛，炉子可长时间保持较高温度状态（>1200℃），木炭的增碳作用也相应增强，因而获得液态铸铁。我国是世界上生产铸铁件最早的国家之一，根据《左传》记载，昭公29年（公元前513年）晋国铸出铸铁刑鼎，重达270kg，鼎上铸出刑律全文，这是中国铸造大件的最早记载。隋唐以后，大型铸铁件的生产越来越多，公元953年，即中国五代后周广顺三年，铸造出沧州大铁狮。

我国在春秋末战国初期铁业生产发展迅速，当时铸铁农具的生产尤为突出，如1955年河北石家庄赵国遗址出土的铸铁农具几乎占全部工具（包括骨、石材料）的65%，这说明战国中期已迈入铁器时代。根据新中国成立后的考证，北起辽宁，南到两广，西到四川，东至山东，以黄河南北中原为中心，是中国古代铸铁冶炼和生产铁器的重要地区。公元1637年明末宋应星所著《天工开物》，此书详细记载了中国当时的冶金、铸造技术。铸铁虽然历史悠久，但发展缓慢，从清代开始，铸造技术长期停滞不前，直到1949年后才逐步得到发展。

2. 铸铁的分类

1）铸铁按断口颜色不同分为灰口铸铁（见图3-2a）、白口铸铁（见图3-2b）和麻口铸铁（见图3-2c）。

2）铸铁依据化学成分的不同分为普通铸铁与合金铸铁两类。普通铸铁是指不含合金元素的铸铁，一般常用的灰铸铁、可锻铸铁和球墨铸铁等都属于这一类铸铁。合金铸铁是指在普通铸铁内有意识

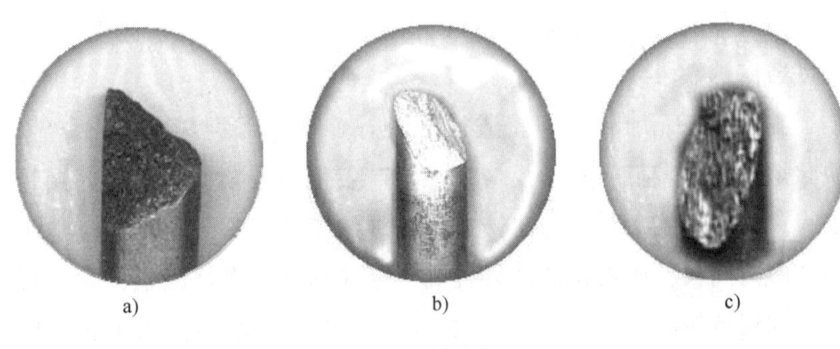

图 3-2　铸铁断口

a）灰口铸铁　b）白口铸铁　c）麻口铸铁

地加入一些合金元素，以提高铸铁某些特殊性能（如耐蚀性、耐磨性、耐热性等）而配制成的一种高级铸铁。例如，城市道路上经常见到的下水道盖子（见图 3-3），它具有优良的耐磨性，这样一般只出现在最表层的铁锈通常会被行人的脚步磨光。

图 3-3　下水道盖子

3）铸铁按生产方法和组织性能不同，又可以分为灰铸铁、孕育铸铁、可锻铸铁、球墨铸铁和蠕墨铸铁。

3. 几种典型的铸铁

（1）灰铸铁　灰铸铁中的碳大部分或全部以自由状态的片状石墨形式存在，其断口呈暗灰色，有一定的力学性能和良好的切削性能。灰铸铁价格便宜，应用广泛。

灰铸铁有一定的强度，但塑性和韧性很低，这种性能特点与石墨本身的性能及其在铸铁组织中的存在形态有关。有良好的减震性，用灰铸铁制作机器设备上的底座或机架等零件时（见图3-4），能有效地吸收机器震动的能量；有良好的润滑性能；还有良好的导热性能，因为石墨是热的良好导体；此外其熔炼也比较方便，并且还有良好的铸造性能。其流动性能良好，线收缩率和体收缩率较小，铸件不易产生开裂，因此适于铸造结构复杂的铸件和薄壁铸件，如汽车的气缸体、气缸盖等。

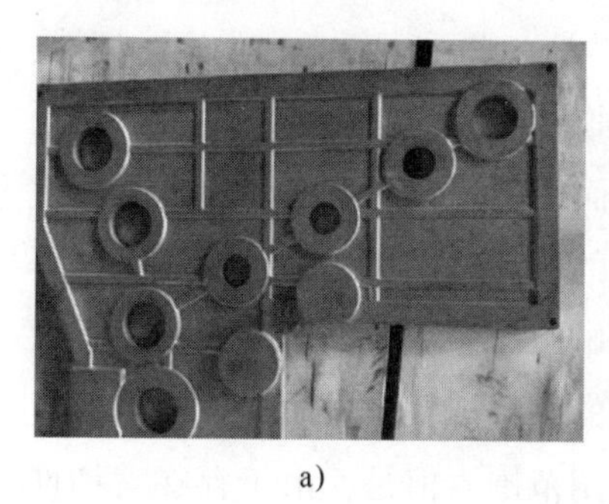
a)

b)

图3-4　底座和机架

a）底座　b）机架

（2）孕育铸铁　孕育铸铁又称变质铸铁，其强度、塑性和韧性均比一般灰铸铁好，组织也较均匀，一般用于制造力学性能要求较高，而截面尺寸变化较大的大型铸件。

（3）白口铸铁　白口铸铁中的碳以渗碳体形态存在，其断口呈白色。中国早在春秋时代就制成了抗磨性良好的白口铸铁，用作一些抗磨零件。这种铸铁具有高碳低硅的特点，有较高的硬度，但很脆，适用于制造冲击载荷小的零件，一般用在犁铧、磨片、导板等方面。生产中常采用热处理的方法改善其性能，扩大它的应用范围。

（4）麻口铸铁　麻口铸铁又称麻口铁、斑铸铁，是介于白口铸铁和灰口铸铁之间的一种铸铁，其断口呈灰白相间的麻点状。由于麻口铸铁性能不好，故应用较少。

（5）可锻铸铁　可锻铸铁又称韧性铸铁，是由一定成分的白口铸铁经石墨化退火而成，比灰铸铁韧性高，常用来制造承受冲击载荷的铸件。

（6）球墨铸铁　目前球墨铸铁已迅速发展为仅次于灰铸铁的、应用十分广泛的铸铁材料。所谓“以铁代钢”，主要指球墨铸铁。球墨铸铁通过球化和孕育处理得到球状石墨，有效地提高铸铁的力学性能，特别是提高了塑性和韧性，从而得到比碳素钢还高的强度。球墨铸铁可以部分替代钢材，用来铸造一些受力复杂，强度、韧性、耐磨性要求较高的零件，如汽车、拖拉机、内燃机等的曲轴、凸轮轴，还有通用机械的中压阀门等。而球墨铸铁的价格却比钢材便宜很多，在性价比方面具有无可比拟的优势。由于对铸铁中碳、硅等主要成分及加入其他合金元素的影响、熔化方法、孕育效果等方面进行研究并有了进展，出现了所谓的高级铸铁，材质有了相当可观的改善，并在一定程度上扩大了应用范围。但是，由于存在着韧性低这样的根本缺点，未能迅速扩大其应用范围。

（7）蠕墨铸铁　蠕墨铸铁是具有蠕虫状石墨的一种铸铁，它的力学性能和导热性能较好，断面敏感性小。

（8）耐蚀铸铁　雨水等潮湿天气会对铁器造成腐蚀，而耐蚀铸铁是能够防止或延缓某种腐蚀介质腐蚀的特殊铸铁。耐蚀铸铁可根据金相组织、合金成分和适用的介质进行分类。在常见的腐蚀介质内，铸铁的化学成分比其金相组织对耐蚀性的影响更显著，因此通常多按铸铁的化学成分分类。高硅铸铁对各种浓度、温度的硫酸、硝酸，室温的盐酸以及所有浓度、温度的氧化性混合酸、有机酸均有良好的耐蚀性，因此高硅铸铁可以笑看酸雨，傲然而立。合金高硅铸铁，是在铸铁中加入一些合金元素，改善铸铁的性能，可以分为稀土中硅铸铁、含铜高硅铸铁、高硅铬铸铁等。将高硅铸铁中硅的质量分数降到10%～12%，加入质量分数为0.10%～0.25%的稀土，其性能与普通高硅铸铁相比，硬度略有下降，脆性及切削加工性能有所改善，可以车削等，稀土中硅铸铁的耐蚀性接近于高硅铸铁。在普通高硅铸铁中加入质量分数为6.5%～8.5%或8%～10%的铜，能改善高硅铸铁的力学性能，提高强度及韧性，降低硬度，具有可车削性等。铜的质量分数为6.5%～8.5%的高硅铸铁在常用介质中除对45%（质量分数）的硝酸耐蚀性稍差外，对其他酸均有较好的耐蚀性。铜的质量分数为8%～10%的高硅铸铁在80℃的各种浓度的硫酸中都有高的耐蚀性，它可用来制造接触各种浓度的热硫酸的化工机械零件。高硅铬铸铁具有高的耐蚀性能，适用于制造阴极保护用的阳极铸件，如海水淡化设备中接触海水、淡水等介质的设备零件。

3.3.2 铸钢

随着现代农业、工业、国防和科学技术的大力发展，对铸造用钢无论在数量、品种和质量上都提出了新的要求。因此，了解和掌握铸造用钢及熔炼上的一些基本知识，对于在生产中合理地编制工艺、选用钢材和开展质量分析，都是十分重要的。

铸造用钢和锻造、轧制用钢不同。锻制或轧制是对成型的钢锭或钢坯，采取压力加工的方法，改变其内部组织而获得形状不同的零件。铸造是把铁液直接倒入铸型而获得各种形状的铸件。

铸钢和铸铁是铸造铁碳合金的两大种类，它们的区别在于合金中含碳量的高低，铸铁是指碳的质量分数大于2.14%或者组织中具有共晶组织的铁碳合金。而碳的质量分数不大于2.14%的铁碳合金则被称为铸钢，此外，硅、锰、磷、硫也是铸钢中的常见元素。

铸钢件具有以下优点：

（1）设计灵活性　铸钢件可使铸件形状和大小的设计具有最大的自由度，尤其是复杂的形状和空心部分，而且铸钢件可以由核心铸件的独特工艺制造。铸钢件易成型且易改变形状，并可以快速根据图样制作出成品，提供快速响应并缩短交货时间。

（2）冶金可变性　对铸钢件选择不同的化学成分和组织结构来满足不同项目的需求。不同的热处理工艺可以产生不同的力学性能，而且可在大范围内使用冶金可变性来提高焊接性和可使用性。

（3）提高整体结构强度　由于项目可靠性高，再加上减重设计和较短的交货时间，可在价格和经济方面提高竞争优势。

（4）大范围的重量变化　小型钢铸件有可能仅有10g，而大型钢铸件可达数吨甚至数百吨。

铸钢按照其合金含量可以分为铸造碳钢、铸造合金钢、铸造特种钢3大类。

1. 工业制造的顶梁柱铸造碳钢

铸造碳钢是以碳为主要合金元素并含有少量其他元素的铸钢。铸造碳钢又分为碳素结构铸钢和碳素工具铸钢。根据碳含量的不同，铸造碳钢又可以分为铸造低碳钢、铸造中碳钢和铸造高碳钢。铸造低碳钢中碳的质量分数小于0.25%，铸造中碳钢中碳的质量分数为0.25%～0.60%，铸造高碳钢中碳的质量分数为0.6%～3.0%。铸造碳钢的强度、硬度随含碳量的增加而提高。

铸造碳钢具有以下几个优点：生产成本较低、强度较高、韧性较好和塑性较强。铸造碳钢可应用于制造承受大负荷的零件，比如重型机械中的轧钢机机架、水压机底座等；也可用于制造受力大又承受冲击的零件，比如铁路车辆上的车轮、车钩、摇枕（见图3-5）和侧架等。

（1）碳素结构铸钢　碳素结构铸钢比合金结构铸钢生产成本低，铸造性能较好，力学性能也能满足一般需要，因此，在产品中被广

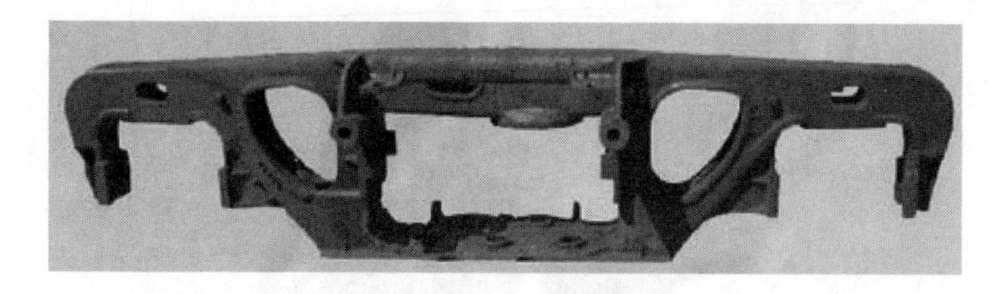

图 3-5 火车摇枕

泛应用。

除铁以外，碳素结构铸钢的化学成分主要有碳、锰、硅、硫、磷五大元素。其中硅、锰是为了在炼钢过程中使钢液脱氧和改善铸件性能以铁合金形式加入的。硫、磷是炼钢原材料和废钢带入的不能除尽的有害杂质。硫、磷存在于钢中，显著地降低了钢的力学性能，尤其是塑性和韧性。硫易使钢发生热脆，磷易使钢产生冷脆。钢中含碳量高的情况下，磷的影响更大。所以，碳素结构铸钢往往以硫、磷含量的多少分为一、二、三级铸钢。

碳素结构铸钢中除碳、硅、锰、硫、磷五大元素外，还可能含有少量的铬、镍、铜等合金元素。这些元素过高，在碳素铸钢的生产和使用条件下，会恶化钢的性能，甚至使铸件产生裂纹。因此，标准规定这些元素的质量分数应小于0.3%。

除此以外，碳素结构铸钢还要注意防止有色金属（如锡、锌等）混入钢液中，特别是铅混入炉料，在熔炼中会沉入炉底，严重者发生穿炉事故。

铸造成形用碳素钢广泛应用于矿山机械、冶金机械、机车车辆、船舶、水压机、水轮机（见图3-6）等大型钢制零件和其他形状复杂的钢制零件。

（2）碳素工具铸钢　碳素工具铸钢价廉易得，易于锻造成形，切削加工性也比较好。碳素工具钢的主要缺点是淬透性差，需要用水、盐水或碱水淬火，畸变和开裂倾向性大，耐磨性和热强度都很

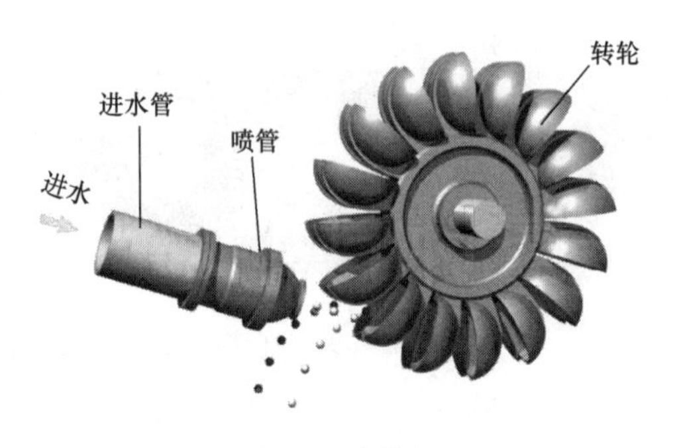

图 3-6　水轮机

低。因此，碳素工具钢只能用来制造一些小型手工刀具或木工刀具，以及精度要求不高、形状简单、尺寸小、负荷轻的小型冷作模具，如用来制造小冲头、剪刀、冲模、冷镦模等。特别需要指出的是，碳素工具铸钢适于制作冷镦模（见图 3-7），根据冷镦模的工作条件，模具材料除了应有足够的强度以及模具工作表面和型腔要有足够的硬度和硬化层外，还需要有足够的韧性，故这类模具热处理后要求内孔有一定的淬硬层而外部不能淬硬，从而可保持较高的韧性。如果淬硬层过深，会因工作中承受大的冲击而迅速开裂。但对尺寸较大、负荷较重的冷镦模，也会因淬硬层薄和基体太软而压陷。

图 3-7　冷镦模

此类钢中碳的质量分数范围为 0.65% ~1.35% 。碳含量较低的

T7 钢具有良好的韧性，但耐磨性不高，适于制作切削软材料的刃具和承受冲击负荷的工具，如木工工具、镰刀、錾子、锤子等。T8 钢具有较好的韧性和较高的硬度，适于制作冲头、剪刀，也可制作木工工具。锰含量较高的 T8Mn 钢淬透性较好，适于制作断口较大的木工工具、煤矿用錾、石工錾和要求变形小的手锯条、横纹锉刀。T10 钢耐磨性较好，应用范围较广，适于制作切削条件较差、耐磨性要求较高的金属切削工具，以及冲模和测量工具，如车刀（见图 3-8）、刨刀、铣刀、搓丝板、拉丝模、刻纹錾子、卡尺和塞规等。T12 钢硬度高、耐磨性好，但是韧性低，可以用于制作不受冲击的，要求硬度高、耐磨性好的切削工具和测量工具，如刮刀、钻头、铰刀、扩孔钻、丝锥、板牙和千分尺等。T13 钢是碳素工具钢中碳含量最高的钢种，其硬度极高，但韧性低，不能承受冲击载荷，只适于制作切削高硬度材料的刃具和加工坚硬岩石的工具，如锉刀、刻刀、拉丝模具、雕刻工具等。

图 3-8　车刀

2. 低合金铸钢

合金结构铸钢中一般合金元素总的质量分数不超过 3.5%，热处理后金相组织还是以铁素体和珠光体为主。但是，由于合金元素的加入，它与碳素结构铸钢相比，许多性能（力学或使用性能）发生了很大变化。

为什么在碳素结构铸钢的基础上加入微量的合金元素，各种性能会发生如此大的变化呢？简单地说，因为这些合金元素加入后，溶解到该种钢的铁素体中，为强化而形成合金铁素体，从而改变原来铁素体的各种性质。其次，合金结构铸钢的珠光体中包含一些合金元素的碳化物，加上合金元素的作用，能改变珠光体在热处理后的分散度，使珠光体更加细小、均匀和分散，从而改善钢的力学性能。再次，许多合金元素本身能使钢的晶粒细化。

（1）锰系合金铸钢　锰系合金铸钢包括单元素锰铸钢和以锰为主，又加入少量铬、银、硅等元素组成的多元素锰铸钢。一般锰系合金结构铸钢中锰的质量分数为0.8%～2.0%。单元素锰铸钢与相同含碳量的碳素结构铸钢相比，有着良好的耐磨性和较高的机械强度。如ZG20Mn、ZG40Mn等广泛应用于齿轮（见图3-9）、车轮及挖掘机械的耐磨件上。选用锰铸钢的牌号，除考虑零件所要求的力学性能外，还应考虑零件壁厚。如果铸件要求有正常强度和较高塑性，而铸件截面尺寸较大时，应选择锰含量较高、碳含量较低的钢号；反之，铸件壁较薄，但需要较高强度和正常塑性时，可选用碳含量较高、锰含量较低的钢号。

图3-9　齿轮

（2）铬系合金铸钢　单元素铬铸钢一般使用不多，常用的有ZG40Cr1，用来制作高强度耐磨铸件，或壁厚在80mm以下的高强度齿轮件等。产品零件中广泛使用的是多元素铬铸钢，如铬钼铸钢、铬钒铸钢、铬钨铸钢、铬锰铸钢、铬锰硅铸钢及铬钼钒铸钢等。

在单元素铬钢中加入钒、钨，能提高钢的淬透性和强度，钨还能减轻钢对回火脆性的敏感性，增加抗蠕变能力，改善加工性和冲击韧性。钒还能改善钢的一次结晶组织，这样在提高铸件强度的同时对塑性影响较小。

铬钼铸钢在汽轮机工业中应用较多，因钼能提高钢抗蒸气腐蚀的能力和高温强度。铬钼钢的铸造性能与含碳量相同的碳素结构铸钢相仿，但导热性较低，冷裂倾向和相变应力较大。打箱落砂时间及焊补操作应按高碳结构铸钢处理。

铬钨铸钢具有很高的耐磨性，多用于铸造轧辊（见图3-10）等部件。这种钢导热性很低，落砂切割冒口等均需采取特殊措施，一般只作退火处理，不能调质（即淬火）处理，否则很容易造成裂纹。

图3-10　铸造轧辊

（3）其他合金结构铸钢　硅铸钢、单元素硅铸钢一般很少应用。因为硅铸钢在碳硅比例不适当时，钢中碳会变为石墨析出，产生所谓的黑脆现象。单元素硅铸钢铸造性能不好，易吸气，钢液表面有二氧化硅氧化膜，导热性差，缩孔倾向大，容易产生热裂和冷裂等缺陷，因而限制了它的应用。

含硼铸钢：硼元素加入钢中能极大地提高钢的淬透性，硼的质量分数为0.001%，就可以显示出合金化的作用，素有“金属的维生素”之称。我国在研究硼钢方面做了不少工作，在轧锻用钢中，已生产了几十种含硼钢号。近年来，很多厂矿已将某些轧锻用钢移植为铸造用钢。

添加稀土元素的结构铸钢：这里之所以称为添加稀土元素的结构铸钢，而不称为含稀土元素的结构铸钢，原因是该种钢只规定稀土元素的加入量，不规定和不检查钢中最后稀土元素的含量。铸钢中添加少量稀土元素（铈和镧），能改善钢的铸造性能，特别是钢的流动性与抗裂纹的稳定性，并能起到促进钢脱氧、去硫和除气等有利作用，也能提高钢的塑性和冲击韧性。我国稀土元素相当丰富，为发展和应用添加稀土元素的铸钢创造了良好的条件，现在在科研的基础上已正式生产出不少添加稀土元素的合金结构铸钢，如16MnR（R代表稀土元素）。可以预见，这种铸钢发展前途是十分可观的。

3. 高合金铸钢

高合金铸钢，是指合金元素总质量分数在10%以上的铸钢，这种铸钢随着合金含量急剧增加，已经由量变发展到质变。钢的金相组织不再是碳素结构铸钢和合金结构铸钢所具有的铁素体和珠光体，而是一种新的金相组织，常用特殊性能高合金铸钢的金相组织多为奥氏体和铁素体。

（1）高锰耐磨铸钢　高锰耐磨钢铸件只有在承受外力冲击的工作条件下，方能显示出耐磨的特点。在外力冲击下，高锰钢表面会迅速产生加工硬化或者称为冷作硬化的作用，使钢的硬度提高到450～500HBW。高锰铸钢大多用来制造挖掘机铲斗的齿爪，颚式破碎机的颚板（见图3-11），铁道道岔和拖拉机、坦克的履带板等。如

图3-11　颚式破碎机的颚板

果用来制造不承受冲击力的零件，如磨面粉的磨盘和喷砂机的喷嘴，则因其不产生冷作硬化作用，与含碳量较高的碳素铸钢耐磨性相差无几。

高锰铸钢具有加工硬化的性质，切削加工很困难，所以铸件上的孔一般应该铸出，尺寸精度要求应严格。

（2）不锈耐酸铸钢　不锈耐酸铸钢中对耐腐蚀起主要作用的元素是铬，原因是铬能固溶于铁，当其中含铬（固溶于铁的）达一定浓度时（最低质量分数为13%），就在钢的晶粒表面形成具有高度稳定性的铬氧化膜。在这种膜的保护下，钢就可以避免受氧化性酸类的腐蚀。

铬不锈耐酸铸钢的耐酸蚀作用较差，但在温度较高时有较满意的强度和韧性，可作为医疗外科手术刀具及食品工业等用具。

铬锰氮不锈耐酸铸钢，是我国近年来研究成功的铬镍不锈耐酸铸钢的代用钢种，它用锰与氮元素来代替全部或大部分的价格昂贵的镍。铬锰氮不锈耐酸铸钢的耐蚀性比铬镍钢还要好。

3.4 结构钢和工具钢

我国古代最早的炼钢工艺流程是：先采用木炭作燃料，在炉中将铁矿石冶炼成呈海绵状的固体块，待炉子冷后取出，叫块炼铁。块炼铁含碳量低，质地软，杂质多，是人类早期炼得的熟铁。再用块炼铁作为原料，在炭火中加热吸碳，提高含碳量，然后经过锻打，除掉杂质又渗进碳，从而得到钢。这种钢，叫“块炼铁渗碳钢”。用块炼铁渗碳钢制造的刀，虽然比较锋利，但仍然达不到“斩金断玉，削铁如泥”的程度。因为这种钢的质量还不够好，炼这种钢时碳渗进多少，分布是否均匀，都非常难掌握，而且生产效率极低。为了提高钢的质量，工匠从西汉中期起发明了“百炼钢”的新工艺。

所谓“百炼钢”，就是将一块炼铁反复加热折叠锻打，如图 3-12 所示，目的是使钢的组织改变，钢体的成分更加均匀，减少杂质，从而提高钢的质量。

图 3-12　百炼钢

百炼钢的需求越来越大，但它的原料块炼铁的生产效率很低，并且冶炼出来以后必须经过“冷化”，所以，百炼钢的发展受到限制。最后被一种新的生铁炼钢技术——“炒钢”所取代。

在西汉中晚期出现新的炼钢技术“炒钢”，如图 3-13 所示，这

图 3-13　古代炒钢技术

是在生铁冶铸技术的基础上发展起来的一种炼钢技术。其基本方法是将生铁加热成半液体和液体状，然后加入铁矿粉，同时不断搅拌，利用铁矿粉和空气中的氧去掉生铁中的一部分碳，使生铁中的碳含量降低，去渣后直接获得钢，这就是炒钢技术。

炒钢的发明，是炼钢史上的一次技术革命。在欧洲，炒钢始于18世纪的英国，比中国要晚1600多年。但是炒钢和百炼钢技术还存在一定缺陷，如炒钢工艺复杂，不容易掌握，百炼钢费工费时。

经过百炼和特殊铸造工艺处理以后的青铜或钢铁，会天然形成千奇百怪的花纹，如高山、流水、龟裂、鱼肠，由于每一把刀剑的锻造过程都不一样，形成的花纹也形态各异，没有重复的。这也叫花纹刃，世界上最著名的利刃如马来克力士剑、大马士革钢刀都是以花纹钢刃著称。花纹刃具有斩钉截铁、切金断玉的功力，其他刀剑与之互砍，很少有不被砍断或损坏的。

3.4.1 炼钢

我们现在知道，生铁、熟铁和钢的主要区别在含碳量上，碳的质量分数超过2.14%的铁，叫生铁；含碳量低于0.05%的铁，叫熟铁；含碳量在0.05%~2.14%范围内的铁，称为钢。要想炼钢需先炼铁，因为钢从生铁而来。生铁是由铁矿石冶炼而得，含碳量较高，而且含有许多杂质（如硅、锰、磷、硫等）。因此，生铁缺乏塑性和韧性，力学性能差，除熔化浇注外，无法进行压力加工，因而限制了它的用途。为了克服生铁的这些缺点，使它在工业上能起到更大的作用，还必须在高温下利用各种来源的氧，把生铁里面的杂质氧化清除到一定的程度，以得到一定成分和一定性质的铁碳合金——钢。

这种在高温下氧化清除生铁中杂质的方法叫炼钢。接下来讲讲炼钢的基本方法。

（1）转炉炼钢　转炉炼钢法就是利用空气或氧气，使铁液中的元素氧化到规定限度，从而得到成分合格的钢的一种炼钢方法。

（2）电炉炼钢　在1866年德国人伟尔纳·西门子与格拉姆等人发明了发电机后，促成了以电力发热炼钢的发展。电炉就是利用电能转变成热能来炼钢的。

（3）平炉炼钢　1864年由法国人马丁发明了平炉炼钢法。工业中积累了大量废钢无法用转炉将它重新吹炼成钢，因此炼钢工匠们就找到了一种用废钢作为原料的平炉炼钢法。

常见的对炼钢影响较大的元素有以下几种。

（1）碳　碳为经济的强化元素（间隙式溶解或碳化物析出等），它能够提高硬度却不会因此增加多少脆性。但含量过高时会使钢的耐冲击性下降，也会在焊接（如电弧焊）热影响区产生脆性。

（2）硅　硅有助于提高钢在大气中的耐蚀性，尤其是酸性腐蚀环境。一般来说，随着硅含量的增加，会降低塑性，而硬度、屈服点和拉伸强度得到提高。此外，硅能阻止炼钢过程中气泡和气孔的形成，故能提高钢锭和其他一些铸件的致密性。高含硅量可提高钢的磁导率和电阻（硅钢的由来）。

（3）锰　锰是钢的重要强化元素之一，常代替碳用于提高钢的焊接性。同时锰对硫有制约能力，因此它不但能提高钢的强度，还能改善缺口韧性和热加工中的热脆性。较高的含锰量可能会增加出现淬火裂纹的概率。

（4）磷　磷与铜配合使用，磷可改善钢在空气中的耐蚀性，也有助于提高钢的易切削性。高含磷量通常易引发冷脆性或冷态条件下的脆性断裂，在高碳钢铸造时易增加初始偏析的概率。因此，虽然磷在一定程度上能够提高钢的强度，但鉴于其他方面的负面影响，通常不这么应用。

（5）硫　硫和磷一样，对钢的切削性是有益的。但高含硫钢有热脆性，还会降低焊接性能（这种影响会随着锰的增加而减小）。

“硫巫师”在钢中大多作为长条形硫化物的夹杂物存在，因此也会降低钢的各向同性。

（6）氮 氮具有相当大的强化作用，并使钢变脆，适量用于薄钢板可增加强度并保持较好的成形性能，氮气还是一种晶粒细化剂。氮会促进钢的淬火时效和应变时效，从而提高其硬度、屈服强度和拉伸强度，降低塑性，并提高其缺口冲击的转变温度。高含氮量会导致动态应变时效或“蓝脆”的发生。

其他一些元素，如“魔鬼镍”“功勋累累的铬”等可能会随废料加入，而在脱氧的过程中，也会造成“超‘钒’”“‘钛’白”等“调料”的存在。有时为了得到特殊的物理化学性质，如沉淀强化、固溶强化、提高可焊接性、耐蚀性、切削性等，还要特意以不同的量加入这些元素。

3.4.2 结构钢

所谓结构钢顾名思义就是用于形成一定结构的钢材。

1. 量大质优的碳素结构钢

（1）普通碳素结构钢 碳的质量分数约为0.05%～0.70%，个别可高达0.90%。主要成员有Q195、Q215、Q235、Q255和Q275。

（2）优质碳素结构钢 我国生产优质碳素结构钢起步较晚，直到20世纪70年代才得到较大发展。随着转炉炼钢技术的不断提升，部分优质碳素结构钢材，主要是钢板和钢带，已从特殊钢厂转入大型钢铁联合企业生产。

碳的质量分数小于0.8%，对硫、磷要求严格，一般质量分数控制在0.035%以下，如果控制在0.030%以下，就成为高级优质钢，而且在牌号后面加上“A”加以区分，例如20A；若磷控制在0.025%以下、硫控制在0.020%以下，称为特级优质钢，在后面加上“E”以示区别。有的优质碳素结构钢中锰的质量分数达到

1.40%，称为“锰钢”。

优质碳素结构钢是依靠调整体内含碳量来改善自身力学性能的，根据含碳量的高低，此类钢又可分为：低碳钢，碳的质量分数一般小于0.25%，如10 钢、20 钢等；中碳钢，碳的质量分数一般在0.25%～0.60%范围内，如35 钢、45 钢等；高碳钢，碳的质量分数一般大于0.60%。

优质碳素结构钢因含锰量不同可分为正常含锰量（锰的质量分数为0.25%～0.80%）和较高含锰量（锰的质量分数为0.70%～1.20%）两组，含锰量较高时，具有较好的力学性能和加工性能。

不同的优质碳素结构钢可以制成用于汽车、航空产业的热轧薄钢板、钢带以及用于各种机械结构件的热轧厚钢板和宽钢带。

2. 合金结构钢

在碳素结构钢中添加合金元素，就形成了品质更佳的合金结构钢。

首先来了解一下合金结构钢的发展阶段：1870 年以前为萌芽期；1870～1940 年期间为开发期；1940 年以后为改进提高期。

合金结构钢是钢铁产品中的一类主要品种，与现代工业的发展息息相关。在1872～1874 年，美国建造的密西西比河大桥（见图3-14）

图3-14 密西西比河大桥

就使用了高碳铬铸钢作为桥的拱架，这是合金钢规模生产和应用的开端。19 世纪 80 年代，法国开发并生产了低碳镍钢，使结构材料的性能达到了新水平，这是合金结构钢工业生产的开始。

我国合金结构钢发展的基本情况是这样的：20 世纪 50 年代学习苏联，借鉴德国才建立了我们自己的合金结构钢系列；到六七十年代，随着合金钢的应用范围扩大，为了节约镍、铬等元素及满足尖端技术的需求研制了一些新钢种；80 年代的时候我国的合金结构钢基本能够自给。

（1）普通合金结构钢　包括以下几种：

1）高成低就的低合金高强度钢。19 世纪末，在低合金高强度钢发展的初期，钢种的合金设计只考虑抗拉强度。钢中加入较高含量的 Si、Mn、Ni、Cr 等某一合金元素以改善某一方面的使用性能，但获得高强度的主要手段仍然依赖于较高的含碳量。随着钢结构由铆接向焊接发展，为了提高钢的抗脆断性能，逐步向降低钢中含碳量和复合合金化的方向发展。20 世纪 50 年代，为节约合金元素，曾采用热处理的方法获得强度和韧性的良好匹配。60 年代，开始了称为“微合金化”和控制轧制生产的新阶段，出现了一些新的钢种。至 70 年代，发展成熟的部分低合金高强度结构钢在输油管道、深井油管、汽车钢板等领域中得到推广应用。

低合金高强度钢中添加的合金元素含量较低，一般在 2.5% 以下，在热轧状态或经简单的热处理后使用，因此这类钢能大量生产、广泛使用。各发达工业国家的低合金高强度钢产量约占钢产量的 10%。

低合金高强度钢家族中都有谁呢？简单说一下吧。通过统计他们的身份信息，发现有 Q295、Q345、Q390、Q420 和 Q460，按大类分这一家子可以分为高强度用钢、低温用钢和耐候钢。

钢板表面致密的氧化膜就像防腐蚀的“盾”，而“耐候钢”就是把这面盾练成了“金钟罩”。耐候钢的耐蚀性缘自它表面的锈蚀层（氧化膜）。当它裸露在空气中时，表面会逐渐生成既致密又连续且黏附性好的锈蚀层，锈蚀到一定程度后达到稳定状态，从而起到隔绝空气中锈蚀介质的作用。耐候钢被制作成了高压电塔，如图 3-15 所示。

图 3-15　高压电塔

在上海 2010 世博会中的卢森堡大公国国家馆（见图 3-16），耐候钢又出了一把风头。完工后的卢森堡馆整体将呈现耐候钢的天然原色——锈色，而展馆的内墙由冷杉木组成，新型的耐候钢与自然的冷杉木，营造出雕塑式的古堡，不仅艺术感十足，也符和了环保和可持续发展的当代理念。同时，这也刻画出与钢铁密切相关的卢

图 3-16　卢森堡大公国国家馆

森堡形象——100 多年来，卢森堡一直以精湛的炼钢技术闻名于世，当年巴黎建造埃菲尔铁塔所用的钢材就来自于卢森堡。这次卢森堡馆所用的耐候钢，也全部是从卢森堡进口的。此外，建造整个卢森堡馆的耐候钢还有一个好处就是在展馆拆除后可 100% 回收利用。

2）合金钢中的战斗钢——超高强度钢。我国从 1950 年开始研究和生产超高强度钢，航空航天事业的发展对超高强度钢的研制和开发起着重要的推动作用。超高强度钢广泛应用于飞机大梁、起落架、固体火箭发动机壳体（见图 3-17）和化工高压容器等。

图 3-17 固体火箭发动机壳体

3）会化妆的渗碳钢和渗氮钢。

① 造齿轮“神料”——渗碳钢。渗碳钢体内的含碳量较低，一般为 0.1% ~0.25%；添加的“油醋”——合金元素主要有镍、铬、锰等，人们在她脸上涂点“粉”（渗碳），使得她的小脸耐磨，但是她的心部碳含量较低，所以心部高强韧性十足。

2700 年前，甘肃就有了块炼铁渗碳钢制品，还用上了铜铁焊接技术。

②“脸皮”又硬又耐磨——渗氮钢。为了让钢的“脸皮”（表

面）获得高硬度和耐磨的渗氮层，就必须采用含有某些合金元素的合金钢进行渗氮，为什么呢？这是因为氮与某些合金元素生成的氮化物要比氮化铁稳定得多，并在渗氮层中以高弥散度状态分布，这样渗氮钢的“脸皮”就变得又硬又耐磨了。

4）调调更健康的调质钢。所谓调质钢，一般是指碳的质量分数在0.3%～0.6%范围内的中碳钢。含碳量过低，则碳化物数量不足，弥散强化作用小，强度不足；含碳量过高则韧性不足。用这类钢制作的零件要求又强又韧，人们往往使用调质处理来达到这个目的，所以人们通常就把这一类钢称作调质钢。各类机器上的零件大量采用调质钢，是结构钢中使用最广泛的一类钢。

应用最广的调质钢有铬系调质钢（如40Cr、40CrSi）、铬锰系调质钢（如40CrMn）、铬镍系调质钢（如40CrNiMo、37CrNi3A）、含硼调质钢等。

合金调质钢广泛用于制造汽车、拖拉机、机床和其他机器上的各种重要零件，如齿轮、轴类件、连杆、螺栓等。

（2）特殊合金结构钢　包括以下几种：

1）能屈能伸的弹簧钢。“君子之心，可大可小；丈夫之志，能屈能伸”，弹簧钢是用于制造弹簧和弹性元件的钢。其实经常有人说弹簧钢，但是弹簧钢只是俗名，学名叫65Si2Mn，也叫锰钢。最近几年很多刀剑厂用弹簧钢制造武士刀、唐刀、龙泉宝剑。“城头铁鼓声犹震，匣里金刀血未干”，弹簧钢做的刀剑，特点是韧性好，硬度也不错，缺点是爱生锈。它们不是天生就具备完好的韧性和硬度，而是在热处理过程中才具备了这些高的性能。

弹簧钢根据主要添加的合金元素种类不同可分为两大类：Si-Mn系弹簧钢和Cr系弹簧钢。Si-Mn系弹簧钢淬透性较碳钢高，价格不很昂贵，故应用最广，主要用于截面尺寸不大于25mm的各类弹簧，如汽车、拖拉机板簧、螺旋弹簧等，60Si2Mn是Si-Mn系弹簧钢的典型代表；Cr系弹簧钢的淬透性较好，综合力学性能高，弹簧表面不易脱碳，但价格相对较高，一般用于截面尺寸较大的重要弹簧，如发动机阀门弹簧、常规武器取弹钩弹簧、破碎机弹簧等，50CrVA是Cr系弹簧钢的典型代表。

扭杆轴与附属部件构成轨道车辆抗侧滚扭杆系统，主要作用是为轨道车辆提供侧滚刚度，约束车体的侧滚振动，保证车辆运行安全。扭杆轴作为主要受力和安全部件，对原材料弹簧钢的要求异常苛刻。石家庄地铁的首批机车所使用的扭杆轴，全部由河钢的钢材制造。在此前，该钢种已经投放市场千余吨，市场反馈良好。

2）被误解的轴承钢。轴承钢是用来制造滚珠（柱）和轴承套圈的钢，如图3-18所示。

图3-18　轴承钢制造的滚珠和套圈

滚珠用的轴承钢还可以造斧子呢，你知道吗？很多人说轴承钢的斧子容易崩口，轴承钢为什么就容易崩口呢？

那是因为锻打的时候没做好，只要锻打技术达到一定水平，就能不崩不卷。

如果是简简单单的打铁，制出来的斧子一定会爱崩口，这是轴承钢的基本特性。中国的打铁艺术可不是看看就会的，轴承钢的研究也不是一天两天可以学会的。轴承钢容易得到，所以很多人都有过用轴承钢手工做刀的经历，但很多人在锻打或者淬火时直接搞断，或者在使用中发现一甩就断。

其实轴承钢是可以锻打出很好的工具的，只要掌握一点点小技巧，在锻打中多看火候就可以了，其实锻打轴承钢主要注意的是锻打中的轴承温度颜色。只要在每一次捶打的时候保证钢材被烧得明亮就不会出现断裂的情况，只要温度稍低（变成暗红色就一定不要再捶打了）。这点能做到是一定不会断裂的。

至于淬火，并不是一两句话可以讲清楚的，不过轴承钢即使不淬火也可以有不错的硬度。

3）易切削钢。易切削钢又称自动机床加工用钢，简称自动钢。我们来说说这种材料的发展历史和身份展示方法。

① 易切削钢的发展历史。第一次世界大战期间（1914～1918年），美国人首先发现硫在钢中对改善易切削性的作用，生产出自动机床用硫系低碳易切削钢，后来英、苏、德、日、法等国也相继生产自动机床用硫系易切削钢并逐步使之系列化。硫系易切削钢的产量大，用途广，许多新型易切削钢也是以硫系为基础发展起来的。随着机械切削加工不断向自动化、高速化和精密化方向发展，对材料的切削性提出更高的要求，于是出现了切削性更佳的铅-硫复合易切削钢，又称为超易切削钢。此后各种铅-硫二元和多元复合易切削钢陆续问世。

②身份展示方法。a. 钢号冠以“Y”，以区别于优质碳素结构钢；b. 字母“Y”后的数字表示碳含量，以平均碳含量的万分之几表示，例如平均碳含量为0.3%的易切削钢，其钢号为“Y30”；如果锰含量较高时，也会在钢号后标出“Mn”，例如“Y40Mn”。

4）汽车大梁用钢。汽车大梁用热轧黑皮表面钢，简称黑皮钢，是一种控制热轧钢板表面结构的技术产品。

黑皮钢的表面氧化皮十分稳定，呈蓝黑色，厚度较薄，一般不需要酸洗，也称免酸洗钢。由于符合环保及节能的需要，成了未来汽车大梁钢的生产方向。

黑皮钢脸上的粉，一经有力撞击，就会掉下来，可惜，在业内多年都无解决之法。

5）桥梁用钢。堪称中国奇迹，造就了世界上最长的跨海大桥，在广东珠海毗邻港澳的区域的港珠澳大桥（见图3-19）似长虹卧波、蛟龙出水、在云卷云舒的海天之间形成一道亮丽的风景线。

图3-19　港珠澳大桥

港珠澳大桥主体工程近23km的桥梁，首次在桥梁上部工程结构中大规模采用钢结构。其用钢量达40多万t，足以建造60座埃菲尔铁塔，这么大的用钢量相当大一部分是用在了钢箱梁（外形像一个箱子）上。

6）自传说中走来的大马士革花纹钢。传说在中世纪，从欧洲来的十字军看到他们的敌人使用的刀剑，那些兵器的钢材是一种富有传奇色彩的金属材料，由于这种钢在大马士革贸易，故称为大马士革钢。

采用大马士革钢制造的刀剑和普通刀剑不同，其身上都呈现有一种特有的金属花纹，这种刀剑锋利无比，它可以砍断飘在空中的羽毛，可以劈开坚固的盔甲，而且它经过多次拼杀后仍不卷刃，这在当时不能不说是一种奇迹。

① 古代大马士革钢。主要是指中世纪中东地区制造刀剑所用的钢铁材料，其打制的刀剑钢体上都有特殊的花纹（研究推测可能是一种锻打高碳钢），用古代大马士革钢制成的刀能削铁断金。

② 现代大马士革钢。其花纹、图案、材质及工艺的变化和古代的相比，可以说是有天壤之别，用现代大马士革钢制成的刀无法复现古代大马士革钢刀的水平。

7）钢中“蚁人”——更小更强的“纳米钢”。为大家介绍一种先进高强钢，就是析出物更小更强的“纳米钢”，它的全名叫纳米析出强化高强钢，是通过弥散细小的纳米碳化物强化作用来提高基体强度的一种先进高强钢。

3.4.3 工具钢

1. 碳素工具钢

碳素工具钢就是碳钢，基本上可以说是用途最广泛的钢材，可以做模具、量具、刃具等，价格不高，工业用途非常广，碳含量也有各种不同水平，用碳素工具钢做刀的很多。碳素工具钢最大的好处是热处理方便，而且易于打磨，能得到很高的锋利度。最为常见的就是T10钢，这个是国内外中端刀厂使用最多的钢材，简直可以称为“万金油”钢材。T10可以说是应用极广，而且口碑不错。

2. 合金工具钢

合金工具钢，是在碳素工具钢基础上加入“油醋”——铬、钼、钨、钒等合金元素以提高淬透性（使钢强化一种手段）、韧性、耐磨性的一类钢种。它主要用于制造量具，刃具，耐冲击工具和热（工作条件是与热态金属接触，这是与冷作模具工作条件的主要区别）、冷模具及一些特殊用途的工具。

合金工具钢体内的含碳量直接关乎它能用于制作什么工具，不容小觑。碳含量中等的钢（碳质量分数为0.35%～0.70%）多用于制造热作模具，这类钢淬火后的硬度稍低，为50～55HRC，但韧性良好。对于碳含量高的钢（碳质量分数大于0.80%）多用于制造刃具、量具和冷作模具，这类钢淬火后的硬度在60HRC以上，且具有足够的耐磨性。

3. 高速工具钢

高速工具钢即高速钢，一般简写作HSS，是一种具有高硬度、高耐磨性和高耐热性的工具钢，它的主要用途是用来制作金属加工切削刀具。常用钢号为W18Cr4V和W6Mo5Cr4V2。

可以说没有高速钢，就没有现代的金属加工业。尽管硬质合金等材料的崛起对高速钢形成挑战，但在特定领域，高速钢仍然是首选的材料。

高速钢在材料家族有这么重要的地位，要从它的名字谈起。

作为刀具，高速钢在高速切削时，即使温度达到500℃，仍然能保持高的硬度，在60HRC以上。这种性能称为热硬性，是高速钢最主要的特性。

从高速钢的材料成分来说，钨、钼、钴是改善其热硬性的主要功臣，使之能承受刀具和工件摩擦产生的热量，还能提高高温耐磨性。普通碳素工具钢在使用过程中，随着温度升高到200℃，硬度会急剧下降，当温度继续升高到500℃时，硬度已经降到很低，完全丧失了切削金属的能力。由于碳素工具钢有这样的致命缺点，高速钢的热硬性更显卓尔不群，令人向往，自从高速钢面世后，在金属加工领域，碳素工具钢迅速被高速钢淘汰，各种牌号的高速钢被发明并商用。

3.4.4 火花鉴定

“生命如铁砧，愈被敲打，愈能发出火花”。我们知道钢的牌号只有在用专业设备测定各个元素含量后才能确定，但是你能想象有的人只用肉眼就能看出来钢的牌号吗？当然这一看，并不是随便的一看，还需要专业的技能，这种独特的钢牌号鉴别方法就是火花鉴别法。如图 3-20 所示，有经验的师傅观察这些火花就可以鉴别出来这几种钢的牌号。

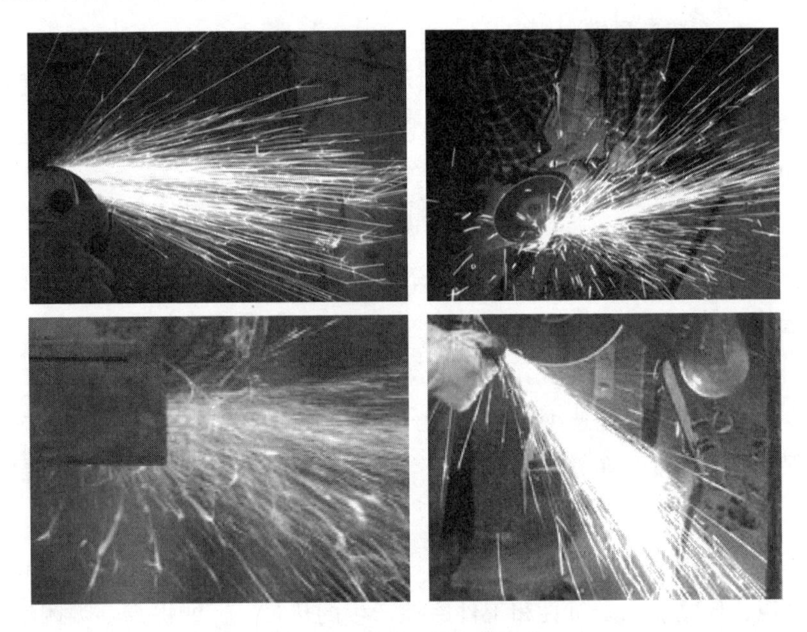

图 3-20　几种不同钢的火花

啥叫火花鉴别法呢？它是利用试样在砂轮上磨削时发射出的火花来鉴别钢种的方法。这种方法快速、简便，在车间现场广泛使用来鉴别钢种和进行废钢分类，并用以鉴定热处理后表面的含碳量。在没有其他分析手段的情况下，也用来大致估量钢材的成分。

为了进一步了解它，先来介绍几个小概念。

火花流线：好美的名字，它简称流线，钢件在磨削时，从砂轮上直接喷射出来高温熔融状的钢铁屑末形成的趋于直线状的光亮轨迹。它的长度、亮度及颜色与化学成分相关。

爆花：是不是想到了爆米花，它可是熔融态钢屑末在喷射中被强烈氧化爆裂而成的，千万不能吃。

芒线：组成爆花的每一根细小流线称为芒线。

花粉：这可不是鲜花的花粉哦，它是芒线之间类似花粉的点状亮点，就把它叫作花粉。

不同的钢会跟砂轮擦出不同的火花，先看看碳素钢的火花特征，如图 3-21 所示，最大的特点就是会分叉，不同的含碳量可都不一样呢！

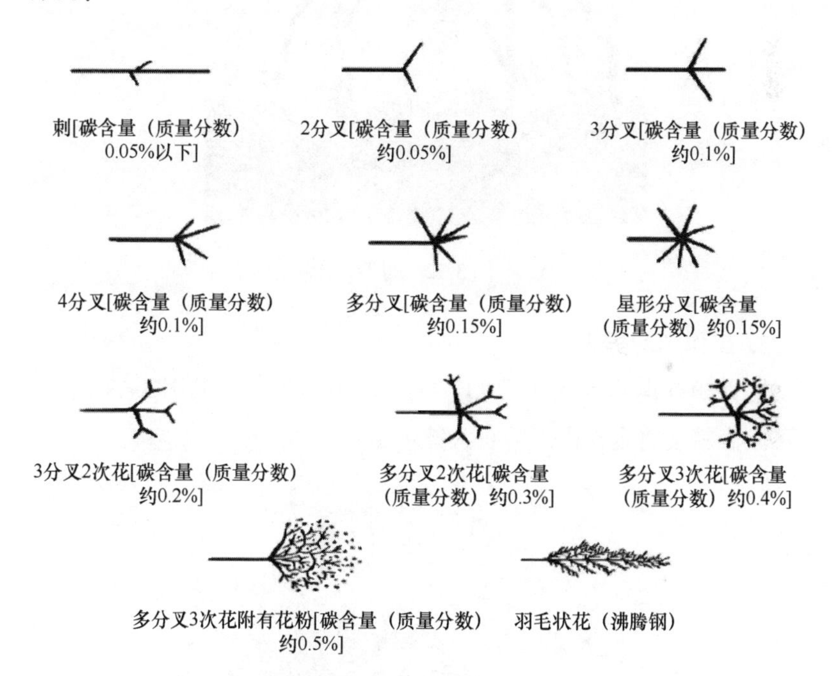

图 3-21　碳素钢火花的特征

3. 4. 5　钢铁的美感

看了下面这些雕塑，读者就不会以为钢铁只是冷冰冰的没生命，没美感的物品了吧。

1. 母亲

路易斯·布尔乔亚的这件著名作品——《母亲》（见图 3-22）早已是伦敦泰特艺术博物馆的著名景观。她晚期的作品均与自己童年“被遗弃”的创伤经历有关，她将蜘蛛比作母亲，巨大的身躯与细长直入地面的腿，对子女来说是保护，亦是牢笼。

图 3-22 母亲

2. 工作中的男人

这件颇有趣味的街头雕塑——工作中的男人，如图 3-23 所示，一不小心就会将走在街上的行人绊倒了。

图 3-23 工作中的男人

3. 黑色幽灵

相传在公元1595年，克莱佩达大城堡守卫看到了一个不同寻常的幽灵漂浮在河边。部分游客警告警卫，粮食和木材也许会在未来一段时间发生短缺的情况，就像这个黑色幽灵短暂地出现又消失了。于是之后的艺术家就根据这个传说，在水边建造了这样一具“幽灵”，如图3-24所示，夜晚绿灯亮起，使来往的行人更觉恐怖。

图3-24 黑色幽灵

采用工业钢铁物件，还可以雕刻精美的图案，艺术家用喷灯雕刻精美的“蕾丝”图案，如图3-25所示，给这些难看的物体以珍贵而奇异的风格。钢铁业可以很温柔哦，来一起看看吧！

图3-25 精美的“蕾丝”图案

4. 埃菲尔铁塔

埃菲尔铁塔如图 3-26 所示，设计者是法国建筑师居斯塔夫·埃菲尔，早年以“旱桥”专家而闻名。埃菲尔一生中杰作累累，遍布世界，但使他名扬四海的还是这座铁塔。用他自己的话说：埃菲尔铁塔“把我淹没了，好像我一生只是建造了她”。

图 3-26　埃菲尔铁塔

5. 伦敦眼

伦敦眼又叫千禧之轮，如图 3-27 所示，她被誉为数学上的奇迹，

图 3-27　伦敦眼

她的创造者是马克与巴菲尔德这一对夫妻建筑师。对摩天轮的设计者而言，除了体积，最美妙的是这个庞然大物竟可以稳固的矗立在泰晤士河河面上。

6. 华特·迪士尼音乐厅

华特·迪士尼音乐厅如图3-28所示，她位于美国加州洛杉矶，是洛城音乐中心的第四座建物，由普利兹克建筑奖得主法兰克·盖瑞设计，其独特的外观，使其成为洛杉矶市中心南方大道上的重要地标。

图3-28 华特·迪士尼音乐厅

7. 鸟巢

我国奥运场馆鸟巢如图3-29所示，位于北京奥林匹克公园中心

图3-29 鸟巢

区南部，为2008年第29届奥林匹克运动会的主体育场。奥运会后成为北京市民广泛参与体育活动及享受体育娱乐的大型专业场所，并成为北京的一座新地标。

8. 南京大胜关长江大桥

“虹桥千步廊，半在水中央。”南京大胜关长江大桥是世界首座六线铁路大桥（见图3-30），是世界上设计荷载最大的高速铁路大桥，京沪高铁全线重点控制性工程，其主跨336m的长度名列世界同类高速铁路桥之首，代表了中国当时桥梁建造的最高水平。

图3-30　南京大胜关长江大桥

9. 重庆朝天门长江大桥

重庆朝天门长江大桥如图3-31所示，也是一个钢结构拱桥，建成时是世界第一跨，主跨达552m，全长1471m，夜景也很美哦！

图3-31　重庆朝天门长江大桥

10. 荆邑大桥

荆邑大桥如图3-32所示，这座钢结构拱塔吊桥，两个拱塔相互倾斜，形成了一个巨大的X形，创意十足，具有现代气息。

图3-32 荆邑大桥

11. 上海卢浦大桥

上海卢浦大桥如图3-33所示，是钢结构拱桥，用钢量达3440万t，主跨550m，仅仅比重庆朝天门大桥少了2m，建成时是世界上第二长跨度钢结构拱桥。据说可以在拱上面瞭望整个大上海，这么美的桥是不是特别想去瞧瞧呢！

图3-33 上海卢浦大桥

3.5 不锈钢和耐热钢

3.5.1 不锈钢的发展历程

1. 不锈钢为什么不生锈和耐腐蚀

在钢铁材料中，不锈钢为不锈钢和耐酸钢的统称。具体来说，不锈钢指在大气和淡水等弱腐蚀介质中不生锈的钢，常见的有不锈钢管、不锈钢餐具等；耐酸钢指在酸、碱、盐和海水等苛刻腐蚀性介质中耐腐蚀的钢。

不锈钢的不锈性是由钢中的铬含量所决定的，没有铬就没有不锈钢。铬是使钢钝化并使钢具有不锈、耐蚀性的唯一有工业使用价值的元素。所谓无铬不锈钢是不存在的。不锈钢的唯一特征是不生锈（即具有不锈性），一定与虽然耐腐蚀但却生锈的钢区别开来。

（1）生锈　众所周知，在自然界存在的金属中，除 Au、Pt 等贵金属系以单质金属状态存在外，其他金属，例如铁，在自然界以磁铁矿（Fe_3O_4）和褐铁矿（$Fe_2O_3 \cdot xH_2O$）的矿石形式存在。人们通过冶金，把铁矿石变成钢铁，就是将钢铁从氧化铁（矿石）的稳定状态变成不稳定状态。

自然界的万物都有从不稳定态“回归”到稳定态的强烈倾向，这是自然规律。钢铁在大气中的生锈就是这种“回归”现象的自然反映。红褐色的三氧化二铁就是我们常说的铁锈，生锈的铁螺钉如图 3-34 所示。

生锈就是钢铁与大气中的氧作用，在表面形成了没有保护性的疏松且易剥落的富铁氧化物，也就是钢铁又变回了“矿石”。铁的生锈，是铁在大气中从金属变成 Fe^{2+}、Fe^{3+} 的离子化的结果，是一种典型的腐蚀现象。为了防止钢铁生锈（腐蚀），只有人为地采取涂漆

图 3-34 生锈的铁螺钉

等措施，以阻止大气与钢铁相接触。涂漆一旦受到破坏，钢铁还会继续生锈，如图 3-35 所示。

图 3-35 涂漆破坏后生锈的铁板

（2）不锈钢不生锈的原因 在普通的钢中加入铬之后，钢的耐蚀性提高，当钢中铬的质量分数≥12%后，钢从不耐腐蚀到耐腐蚀，在大气中耐蚀性有一突变，而且不生锈。人们把钢从不耐腐蚀到耐腐蚀，从生锈变为不生锈，称为从活化过渡到钝化，从活化态变成了钝化态。通俗地说，钝（化）态实际上是不锈钢与周围腐蚀性介质之间反应迟钝，即处于不敏感的状态。钢具有了不锈性的原因是由于表面自动形成了一种厚度非常薄（约 $3\times10^{-6}\sim5\times10^{-6}$mm）的无色、透明且非常光滑的一层富铬的氧化物膜，其示意图如图 3-36 所示。这层膜的形成防止了钢的生锈，称为钝化膜。这层钝化膜的形成实际上是钢中的铬元素形成钝化膜，把保护自己的特性给予了钢的结果。

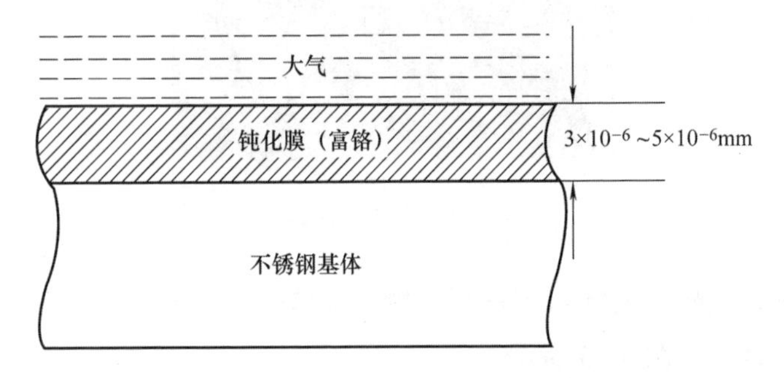

图 3-36　不锈钢表面钝化膜示意图

进一步研究还发现，在氧化性酸介质中，例如在硝酸中，随钢中铬含量的增加，钢的腐蚀速度下降。当铬量达到较高含量时，此钢便具有了耐蚀性。在氧化性介质中，不锈钢耐腐蚀的原因也是由于表面钝化膜的形成。同理，钢在酸介质中从不耐腐蚀到耐腐蚀，也称之为从活化过渡到钝化，从活化态变为钝化态。

2. 不锈钢大家族

不锈钢族群有几百个成员，但从化学成分上看几乎都是来源于两位祖先：也即从430（铬系）和304（铬镍系）这两个基础钢种上衍生出来的。对成分进行不同的调整，可衍生出各种不同特长的子孙。

不锈钢的牌号、成分、性能各异，常用的分类方法主要是按钢的主要化学成分（特征元素）和组织结构以及二者相结合的方法来进行分类。

牌号是什么呢？不同种类的不锈钢所含的元素种类差别很大，不锈钢的牌号就像我们的居民身份证一样，牌号就是标准委员会取的名字，即通过象征性的字母和数字来表示钢铁产品的应用、力学性能和化学成分等许多信息。每一种钢的牌号都有所区别，是对不同种类不锈钢的简称。

（1）按钢中的主要化学成分（特征元素）分类 最常见的是按钢中特征元素分为铬系不锈钢和铬镍系不锈钢两大类。

1）铬系。指除铁外，钢中的主要合金元素是铬。

2）铬镍系。指除铁外，钢中的主要合金元素是铬和镍，即铬镍系不锈钢。

（2）按钢的组织结构特征分类 常用不锈钢按组织特征分为奥氏体型、奥氏体-铁素体型、铁素体型、马氏体型和沉淀硬化型五种。国家标准 GB/T 20878—2007 中奥氏体型不锈钢标准牌号共 66 个，奥氏体-铁素体型共 11 个，铁素体型共 18 个，马氏体型共 38 个，沉淀硬化型共 10 个。

1）奥氏体不锈钢（A）。向铁素体不锈钢中加入适量具有奥氏体形成能力的镍元素，便会得到高温和室温下均为面心立方晶体结构的奥氏体不锈钢，如图 3-37 所示。奥氏体不锈钢中的代表是 304 不锈钢。使钢形成奥氏体的元素除镍外，还有碳、氮、锰、铜等。

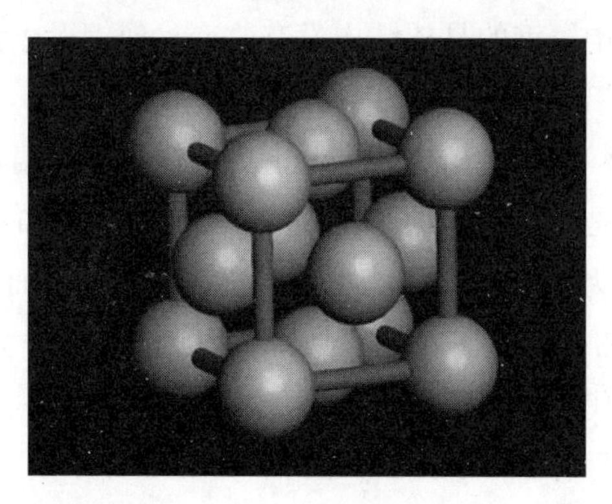

图 3-37 面心立方的抽象结构

2）双相不锈钢（F + A）。钢的基体组织为铁素体和奥氏体，具

有一定比例的双相结构。双相不锈钢的代表性牌号有 06Cr26Ni4Mo2（AISI329），12Cr21Ni5Ti（1X21H5T），00Cr23Ni5Mo3N（SAF2205）和 022Cr25Ni7Mo4N（SAF2507）等。

3）铁素体不锈钢（F）。高、低温度下晶体结构均为体心立方，其结构如图 3-38 所示。晶体结构指晶体的微观构造，在钢铁材料中，常见的晶体结构主要有体心立方和面心立方两类。钢的晶体结构是决定钢的力学、化学、物理等性能的最基本的因素之一。

图 3-38　体心立方结构

一般来说，铁的晶体结构是体心立方，而铬是铁素体形成元素，所以铬加入铁中，钢的晶体结构没有改变。使钢形成铁素体的元素还有钼、硅、铝、钨、钛、铌等。

4）马氏体不锈钢（M）。高温下为奥氏体，室温和低温下为马氏体，马氏体是由奥氏体转变而来的相变产物。Fe-Cr-C 马氏体不锈钢的晶体结构为体心四方，也属体心立方的一种。而低碳，特别是超低碳 Fe-Cr-Ni 马氏体不锈钢的晶体结构则为体心立方。Fe-Cr-C 马氏体不锈钢的代表性牌号有 12Cr13（410）等，Fe-Cr-Ni 马氏体不锈钢的代表性牌号有 14Cr17Ni2（431）、06Cr13 等。

5）沉淀硬化型不锈钢　在室温下，钢的基体组织可以是马氏体、奥氏体及铁素体，经适宜热处理，在基体上沉淀（析出）碳化物和金属间化合物等引起不锈钢强化的一类不锈钢，其代表性牌号有 05Cr17Ni4Cu4Nb （17- 4PH， AISI630）、07Cr17Ni7Al （17-7PH，AISI 631） 等。

3.5.2　不锈钢的应用

不锈钢与人们的生活息息相关，建筑装潢、餐厨卫浴、航空航天等各行各业都能见到它她的身影，不锈钢的典型应用如图 3-39 所示。

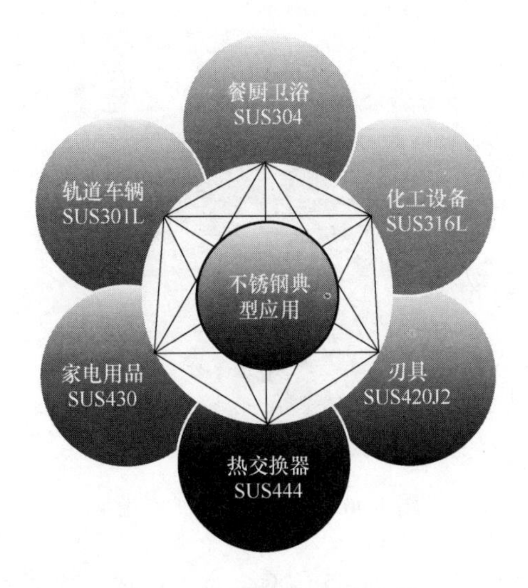

图 3-39　不锈钢的典型应用

1. 小龙女的神秘手套

小龙女是《神雕侠侣》中的女主角，她不但有绝世的武功，更有几种得力的武器，其中神秘的金丝手套有着神奇而强大的力量。

小龙女的金丝手套可以抵御刀剑的伤害，使她可以化险为夷。无数少男少女看了这部武侠名著改编的电影后，无不梦想有这样一副具有魔力的手套，这样就可以成为刀枪不入的神侠。不要以为这只能是个梦，现代科学为大家带来了福音，现实中就存在这种魔力手套。这是一种金属手套，又叫钢丝手套或防切割手套。

现代社会的这种魔力手套不会像武侠剧里面的那么神奇，它的作用是在使用切割机械的作业过程中，保护手不被割伤。用于肉类加工、钢铁机械制造、玻璃制造加工、木材加工、皮革加工、体育保安武警防护、实验室防护等各种需要进行手部防护抗割的场所，对手部起到有效安全可靠的防护。戴好防割手套后可手抓匕首、刺刀等利器刃部，如图 3-40 所示，即使刀具从手中拔出也不会割破手套，更不会伤及手部。

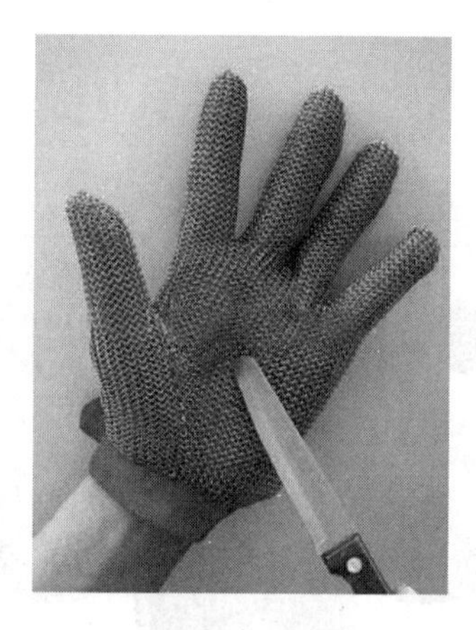

图 3-40　钢丝手套防护作用

这么厉害的手套，它本身会不会对手造成危害呢？金属手套采用不锈钢钢丝手工编织而成，做工精细，穿戴柔软舒适，丝毫没有割手的感觉。左右手可以互换穿戴，并且非常容易清理，使用方便轻巧，舒适安全，是肉类加工、刃具制造、服装裁剪行业的安全防护用品，也是工厂安全生产的必备用品。

2. 厨房中锃亮的不锈钢

近年来，随着房地产的迅猛发展，带动家居行业的发展也不容小觑。正所谓“享受品味精装修，美化生活不锈钢”。新房装修，人们尽心尽力的打造属于自己风格的房子，从吊顶、地板、家具电器这类显而易见的家居装饰到衣柜橱柜这些产品，不锈钢都随处可见。

目前橱柜中应用最多的是不锈钢橱柜，简单说就是以不锈钢为材料制作的橱柜。它最早出现在酒店的厨房里，而当时家庭里使用的橱柜大部分是木质橱柜，但是由于木质橱柜容易受潮开裂，而不锈钢橱柜恰好能弥补这种缺陷。另外，它的强烈现代金属风格和冷艳大方的外观，深受现代时尚人士的喜爱。于是，原来只出现在酒店厨房的不锈钢材质类橱柜也被应用到普通的家庭橱柜中来了。

3. 基础设施的新秀

（1）铁路桥梁结构　位于西班牙内的圣塞瓦斯蒂安的钢桥结构经过风吹日晒遭到了严重腐蚀，无法修复，需要换掉。研究发现，在其他桥应用中表现良好的节约型不锈钢既符合技术标准，也具有经济性。后来，科学家们采用节约型双相不锈钢对该桥梁进行了大修，并获得成功，现已投入使用，大大地降低了成本。该结构是第一座全不锈钢设计的桥。

（2）翻新隧道覆层　绵延在意大利奥斯塔山谷山区长达283m公路隧道的维修需要安装新的覆层。选材使用有色涂层不锈钢，具体成分为铬的质量分数为17%的铁素体不锈钢，钢面选择白色，能够均匀分散灯光，不会引起眩光，如图3-41所示。底漆和涂层的化

图3-41　瓦格铎奈克隧道不锈钢覆盖层（意大利）

学成分安全，即便燃烧也不会产生有毒气体。不锈钢衬底要确保具有长期防腐性能，尤其是考虑到钢板后侧会暴露在潮湿环境中。钢板前侧要避免使用引起眩光的高反射金属面，模内有色涂层的不锈钢能满足这些苛刻要求。

（3）地铁站的悬挂走道　在最近新建的西班牙巴斯克地区首府的地铁站里，扶梯和覆层均使用了兼具美观和较低维护成本的316不锈钢。此外，它还有一个独特之处，即平台似乎悬浮在地铁月台和铁轨上方，使其产生这种独特效果的就是掐丝不锈钢悬挂杆。

4. 不锈钢的腐蚀

不锈钢在人们的脑海里是永远不会生锈的，永远锃亮光鲜的，看到我们买回家的不锈钢制品表面出现褐色锈斑（点）的时候，人们就会大感惊奇：不锈钢是不会生锈的，生锈就不是不锈钢了，难道是我遇到了不良商家？还是钢质出现了问题？其实，这是对不锈钢缺乏了解的一种片面的错误看法。不锈钢并不是万能的，如果使用不当，在一定的条件下也会生锈的。下面我们就从原理上为大家讲一下不锈钢为什么也会生锈和腐蚀。

（1）不锈钢的不锈性和耐蚀性是有条件的　前面我们已经提过，不锈钢是在大气、淡水等的弱腐蚀环境中不生锈的钢，且钢中含铬的质量分数必须大于12%。如果含铬量较低或不是在大气等弱腐蚀环境中（包括虽然在大气等弱腐蚀环境中，但有Cl^-的局部富集和浓缩条件下）使用，就会生锈。

耐酸钢是指在酸、碱、盐等强腐蚀介质中耐腐蚀，也是在一定条件下，例如介质种类、温度、浓度、杂质含量、流速、压力。世界上没有在任何条件下都不生锈、都耐腐蚀的不锈钢。

不锈钢具有抵抗大气氧化的能力——不锈性，同时也具有在含酸、碱、盐的介质中耐腐蚀的能力——耐蚀性。但其耐蚀性的大小是随其钢质本身化学组成、加互状态、使用条件及环境介质类型而改变的。如304钢管，在干燥清洁的大气中，有绝对优良的抗锈蚀能力，但将它移到海滨地区，在含有大量盐分的海雾中，很快就会生锈了，而同样的环境下，316钢管则表现良好。因此，不是任何一种不锈钢，在任何环境下都能耐腐蚀、不生锈。

（2）表面膜受到破坏的形式　不锈钢靠其表面形成的一层极薄而坚固细密的稳定的富铬氧化膜（防护膜）防止氧原子的继续渗入、继续氧化，从而获得抗锈蚀的能力。一旦有某种原因使这种薄膜遭到不断地破坏，空气或液体中氧原子就会不断渗入，或金属中的铁原子不断地析离出来，形成疏松的氧化铁，金属表面也就受到不断地锈蚀。这种表面膜受到破坏的形式很多，日常生活中多见的有以下几种：

1）不锈钢表面存积着含有其他金属元素的粉尘或异类金属颗粒的附着物，在潮湿的空气中，附着物与不锈钢间的冷凝水，二者间将连成一个微电池，引发了电化学反应，保护膜受到破坏，称之为电化学腐蚀。

2）不锈钢表面粘附有机物汁液（如瓜菜、面汤、痰等），在有水氧的情况下，构成有机酸，长时间则有机酸对金属表面进行了腐蚀。

3）不锈钢表面粘附含有酸、碱、盐类的物质（如装修墙壁的碱水、石灰水喷溅），引起局部腐蚀。

4）在有污染的空气中（如含有大量硫化物、氧化碳、氧化氮的大气），遇冷凝水，形成硫酸、硝酸、醋酸液点，引起化学腐蚀。

所以，在日常生活中，我们应该避免让不锈钢接触含有酸、碱的物质，也应避免不锈钢制品长时间放置在潮湿的环境中。

5. 防止不锈钢腐蚀的窍门

你知道自行车的金属部件采用了什么样的防护措施吗？图3-42就可以做出解释。

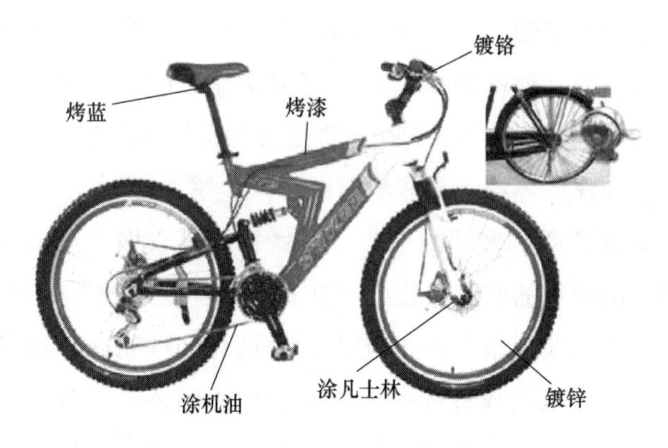

图 3-42　自行车的防护措施

（1）清洗防护　经常对装饰不锈钢表面进行清洁擦洗，去除附着物，消除引发修饰的外界因素。可以用不锈钢清洗剂定期对不锈钢进行清洗，保持其光泽。

（2）根据环境选用材料　海边地区要使用 316 材质不锈钢，316 材质能抵抗海水腐蚀。但是市场上有些不锈钢化学成分不能符合相应国家标准，达不到 316 材质要求，因此也会引起生锈，这就需要用户认真选择有信誉厂家的产品。

（3）表面防护　在不锈钢表面涂油漆、油脂、塑料、陶瓷等，或者镀上一层耐腐蚀的金属，氧化形成致密的氧化物薄膜作为保护层，隔绝不锈钢与外界空气、水、电解质溶液的接触，以此防锈。例如，我们在超市里看到的不锈钢保温杯，外层大多数都涂有油漆或镀上陶瓷，不仅可以用作防护膜防止杯身生锈，又精致美观，吸引人们的眼球。

3.5.3　耐热钢的发展历程

1. 耐热钢抗热的奥秘

“自从得到火之时起，人类与其他动物就追寻着不同道路。”我

们也常听到“第二火”“第三火”的说法。对我们的文明来说，火即高温，这些说法象征着火比任何东西都重要。

现在的建筑结构中都有钢结构，但是普通的钢材是不耐高温的。一般钢材在高温时，特别是300摄氏度以上，随着温度的升高，其强度是急剧下降的。发生火灾时，构件温度迅速上升，钢材的屈服强度和弹性模量将急剧下降，当达到600℃时，构件会丧失承载力而导致结构倒塌。一旦发生火灾，会造成严重甚至不可估计的后果，因此，重要的承载部件都是采用耐热钢制造的。

一般来说，越是高温，热效率越高，反应速度越快，同时，在高温下出现了低温下没有的物质。因此，在对我们的日常生活有着重要作用的能源、动力、原材料制造的领域里，常常追求操作温度的高温化。在火力发电、核能、航空航天、化学工业等新技术的开发领域中，耐热材料性能的高低是其成败的关键环节。特别是近年来能源及环境问题的日益突出，为解决这些问题，人们采用各种各样的工艺手段，改善热效率提高温度势在必行，因而耐热钢的重要性也日益提高。所以，各国都在进行耐热新材料的开发，在该领域里，日本的耐热钢研究开发处于世界领先地位。

在高温状态下能够保持化学稳定性（耐腐蚀、不氧化），叫作热稳定性。在高温状态下具有足够的强度，叫作热强性。既具有热稳定性，又具有热强性的钢材，就称为耐热钢。用通俗的话来说，耐火钢不是高温下不会变软，而是在同样温度下仍能保持一定的强度，并保持该强度一段时间。

钢材的耐热性能主要是通过合金化来达到的。所谓合金化，就是在碳钢的基础上加入可以提高热稳定性和热强性的合金元素。最常用的合金化元素是铬、钼、钨、钒、钛、铌、硼、硅和稀土元素等。所加入的合金元素种类和含量不同，钢的组织结构和耐热性能就不一样。

2. 不同种类的耐热钢的神奇微观组织

耐热钢的分类有很多种，并不是单一的分类，主要包括以下几种分类方式：

（1）按钢的特性分类　按钢的特性分类包括热强钢和抗氧化钢两种。

1）热强钢：一般在450～900℃工况下使用，有较好的抗氧化和耐腐蚀能力，并有较高的抗蠕变、抗断裂的性能，在周期性变化载荷作用下能较好地经受疲劳应力。典型应用包括：汽轮机和燃气轮机的转子、叶片，高温工作的气缸、螺栓，锅炉的过热器，内燃机的进、排气阀，耐高温旋转阀等。

2）抗氧化钢：在500～1200℃（有的高达1300℃）的使用温度中，具有较好的抗氧化性、耐蚀性和适当的强度（抗蠕变和抗断裂性能要求不高）的钢种。典型应用包括：燃气轮机的燃烧室、锅炉吊挂、加热炉底板和辊道等。

（2）按组织分类　钢材的性能与其体内的组织有关，常见的组织包括：奥氏体、珠光体、马氏体、贝氏体、铁素体、渗碳体等。各种组织之间有着特定的联系，专业的材料学家可根据其特性通过不同的组合得到不同性能的钢材，并服务于特定的用途。根据不同状态下耐热钢的微观组织，耐热钢可分为珠光体耐热钢、马氏体耐热钢、铁素体耐热钢和奥氏体耐热钢。

1）珠光体耐热钢：珠光体耐热钢中加入的合金元素主要是铬、钼、钒，其微观组织为珠光体。耐热钢中的珠光体组织如图3-43所示。

2）马氏体耐热钢：顾名思义，马氏体耐热钢的微观组织为马氏体，如图3-44所示。

3）铁素体耐热钢：铁素体耐热钢中加入了较多的铁素体形成元素，如铬、硅和铝，微观组织如图3-45所示。

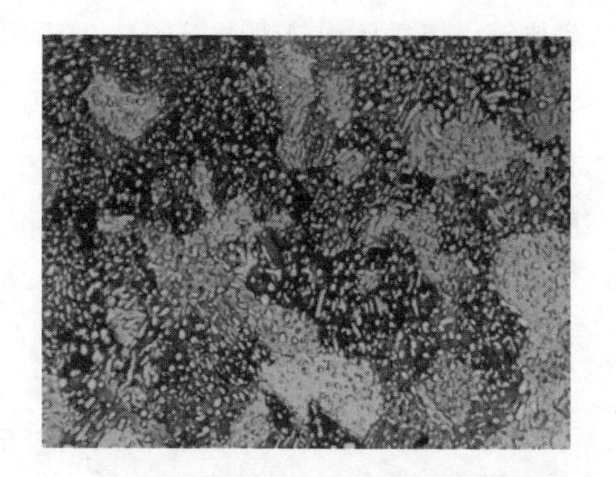

图 3-43 珠光体（球形）

图 3-44 马氏体

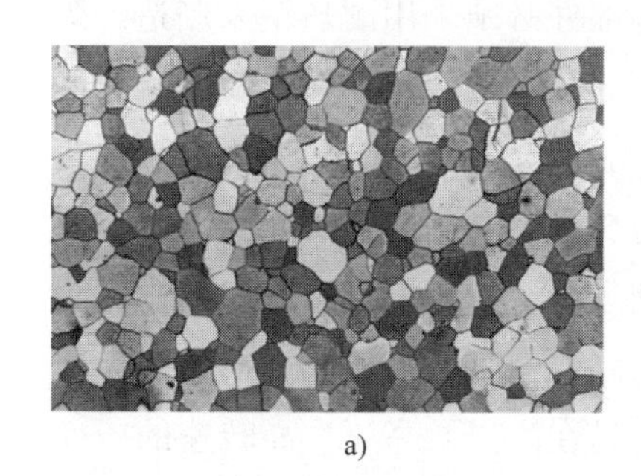

a)

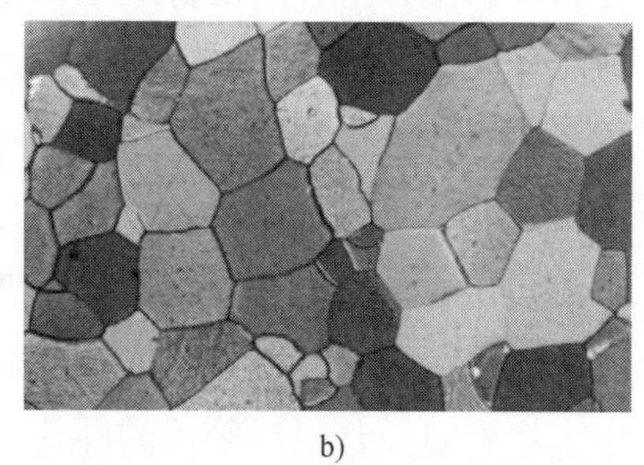

b)

图 3-45 铁素体

a）小倍数 b）大倍数

4）奥氏体耐热钢；奥氏体耐热钢由于具有一定耐蚀性，又称为耐热不锈钢，微观组织如图 3-46 所示。

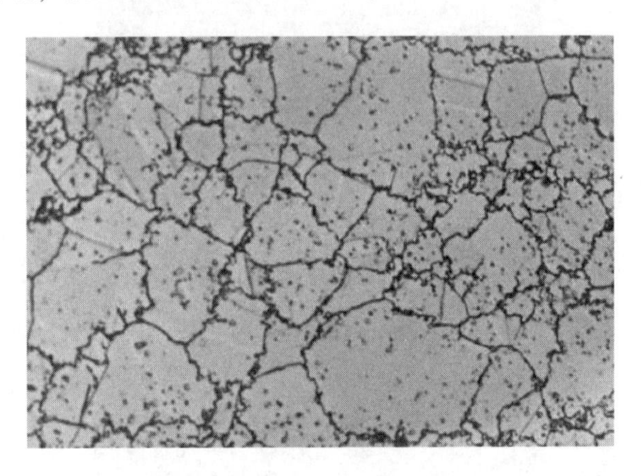

图 3-46　奥氏体

（3）按用途分类　按耐热钢最终的用途分类，耐热钢可分为电站锅炉用热强钢、叶片钢、气阀钢、炉用耐热钢、超级耐热钢等。

3.5.4　耐热钢的应用

1. 超临界锅炉耐热钢

超临界锅炉中许多零部件都是在高温、高压和有腐蚀性的介质中长期工作的，这些设备的主要零部件必须采用耐热钢来制造，既节能又环保。例如火电厂锅炉的过热器管子，其外部受高温烟气的作用，内部受高温蒸汽的作用，一般情况下管子的壁温要比管内蒸汽温度高 50℃左右，若蒸汽温度为 540℃，则其管壁温度就为 590℃左右，在这么高的工作温度下长期运行，一般钢材的组织结构将会发生变化，从而会引起高温强度的降低，腐蚀损坏也会明显地表现出来。再如火电厂汽轮机的叶片，是在高温、高压、高转速的条件下工作的，所以叶片不仅要受到蒸汽的腐蚀，而且还要承受振动和交变载荷，常常因腐蚀、疲劳而引起损坏。这些现象都可能引起事故，影响锅炉和汽轮机的安全运行。

为了防止高温和腐蚀所引起的零部件损坏，这些设备的主要零部件必须采用耐热钢来制造，才能满足对热稳定性和热强性的要求。耐热钢还必须具有足够的室温强度、塑性和韧性，良好的焊接性和其他加工性能。

2. 航空涡轮发动机用耐热钢

航空发动机的各种高温部件，如燃烧室、导向器、涡轮叶片和涡轮盘四大类关键零部件都是由高温耐热钢制得的，此外，高温耐热钢还用于制造发动机轴、涡轮进气导管及喷管等。

燃烧室是发动机各部件中温度最高的区域，其内燃气温度可高达1500～2000℃，作为燃烧室壁的高温合金材料需承受800～900℃的高温，局部甚至高达1100℃以上。除需承受高温外，燃烧室材料还应能承受周期性点火起动导致的急剧热疲劳应力和燃气的冲击力，为此选用的高温合金主要是固溶强化型合金，且具有良好的抗高温氧化和抗燃气腐蚀性能。

导向器也可称为导向叶片，用来调整燃烧室出来的燃气流向，是涡轮发动机上承受温度最高、热冲击最大的零部件，材料工作温度最高可达1100℃以上，应力一般低于70MPa。该零件往往由于受到较大热应力而引起扭曲，温度剧变产生热疲劳裂纹以及局部温度过高导致烧伤而报废。目前导向器大多采用精密铸造的高温合金制造。

涡轮叶片又称工作叶片，其所承受温度低于相应导向叶片50～100℃，但在高速转动时，由于受到气动力和离心力的作用，叶身部分所受应力高达140MPa，叶根部分达280～560MPa，是涡轮发动机中工作条件最恶劣的部件，用作涡轮叶片的材料多是铸造镍基高温合金。

涡轮盘是航空发动机上的重要转动部件，工作温度不高，一般轮缘为550~750℃，轮心为300℃左右，因此盘件径向的热应力大，且带着叶片旋转，要承受极大的离心力作用。用作涡轮盘的高温合金为屈服强度很高、细晶粒的变形高温合金和粉末高温合金。

3. 汽车发动机用耐热钢

汽车发动机中的进、排气阀及阀座是一对摩擦副，其中进气阀及阀座的工作温度一般低于300~400℃，因此对其力学性能和耐蚀性要求不高。排气阀和阀座的工作温度可达600~800℃，甚至高达900℃以上，导管所受应力不大，主要来自于气阀高速运动的冲击和燃气点火的压力，但气阀和阀座间的高速运动和不停地启闭将造成机械疲劳、热疲劳和机械磨损，以及燃气流的高速冲刷和铅盐、硫化物等的热腐蚀，在高温下的破坏作用不能轻视。

高温材料在汽车发动机上的另一重要应用是增压涡轮。增压涡轮是在柴油机或内燃机上利用从气缸内排出的废气带动涡轮，增加进气的压力从而提高进气量，强化燃烧。一般柴油机采用增压技术后，功率可提高30%~100%，油耗降低4~13kg/（kW·h），且污染减少。该技术已经广泛用于坦克、船舶、冶金矿山、农用机械、石油钻机、载重汽车及内燃机车上。一般涡轮的工作寿命为几千至几万小时，工作温度为550~850℃。

4. 核反应堆用耐热钢

在核能工业中，耐热钢和高温合金被用于制作钠冷反应堆燃料元件包壳材料和结构材料及燃料棒元件定位格架等。燃料元件包壳材料应具有良好的核性能，吸收中子量少，使更多的中子增殖；由于包壳管壁薄（约0.4mm厚），温度为600~800℃，压力为120~150MPa，故包壳材料应有足够的高温强度和蠕变性能；包壳材料外部受钠冷却剂的侵蚀，内部受燃料的腐蚀溶解和化学反应，因此必须具有足够的抗环境腐蚀的性能；此外，包壳材料还应抗辐照脆化损坏。钠冷反应堆结构材料的基本性能要求与包壳材料相同。

3.6 有色金属

3.6.1 铝

1. 地壳中的金属之最

地壳中铝元素含量达7.73%（质量分数）之多，是铁的1.5倍，是铜的近4倍。虽然铝是地壳中含量最多的金属，没有金子那么稀缺，可是曾几何时，在历史上有段时间铝比黄金还要贵重。

近一个世纪的历史进程中，铝的产量急剧上升，早在20世纪60年代，铝在全世界有色金属产量上就已经超过了铜而位居首位，这时的铝已不单属于皇家贵族所有，它的用途涉及许多领域，大至国防、航天、电力、通信，小到锅碗瓢盆等生活用品。它的化合物用途非常广泛，不同的含铝化合物在医药、有机合成、石油精炼等方面发挥着重要的作用。古人如果能看到我们现在的生活，一定会惊叹我们现在的这一切是多么奢侈，铝已经充满了我们生活中的每个角落。

2. 衣食住行中的铝

铝在衣物上的应用已经有很多年了，人们接触最早也最多的就是衣物上的钮扣，它因制造成本低，简单大方而受到衣服厂家及顾客的青睐。

铝合金作为建筑和桥梁的结构材料，首先在意大利、西班牙、德国、法国、美国等工业发达国家使用，后来在日本、加拿大、英国等国流行。目前，世界各主要工业发达国家都以铝代木，以铝代钢，广泛应用铝合金材料作为绿色建筑的模板、脚手架等建筑施工机械用材和工程结构用材。我国由于基础较差，经济实力较弱（铝材的成本大大高于钢材），所以起步较晚，但近年来，由于我国经济实力的加强，已成为铝业大国，加之正处于工业化、城市化建设高潮，以及绿色概念的普及，大大促进了我国绿色建筑工程上以铝代木、以铝代钢的进程。目前，我国很多大城市的重要建筑物已广泛采用绿色建筑铝合金结构材料。

3. 绝不应轻视的轻金属

铝是银白色的轻金属，较软，密度为2.7g/cm^3，熔点为660.4℃，沸点为2467℃，铝和铝的合金具有许多优良的物理性质，得到了非常广泛的应用，所以铝不应也不会受到人们的轻视。

铝对光的反射性能良好，反射紫外线比银还强，铝越纯，它的反射能力越好，常用真空镀铝膜的方法来制得高质量的反射镜。真空镀铝膜和多晶硅薄膜结合，就成为便宜轻巧的太阳能电池材料。铝粉能保持银白色的光泽，常用来制作涂料，俗称银粉。

纯铝的导电性很好，仅次于银、铜，在电力工业上它可以代替部分铜制作导线和电缆。

铝是热的良导体，在工业上可用铝制造各种热交换器、散热材料和民用炊具等。

铝有良好的延性，能够抽成细丝，轧制成各种铝制品，还可制成薄于0.01mm的铝箔，广泛地用于包装香烟、糖果等。

铝合金具有某些比纯铝更优良的性能，从而大大拓宽了铝的应用范围。例如，纯铝较软，当铝中加入一定量的铜、镁、锰等金属时，强度可以大大提高，几乎相当于钢材，且密度较小，不易锈蚀，广泛用于飞机、汽车、火车、船舶、人造卫星、火箭的制造。当温度降到-196℃时，有的钢脆如玻璃，而有些铝合金的强度和韧性反而有所提高，所以它们是便宜而轻巧的低温材料，可用来贮存作为火箭燃料的液氧和液氢。

4. 不会生锈的神奇奥秘

日常生活中锈迹斑斑的暖气片、自行车、货车厢等随处可见，但仔细想想好像很少发现家里的铝锅之类的有生锈的情况，难道铝不会生锈吗？事实上铝比铁还容易生锈！不过铝生锈后仍是光滑而光亮的，它不像铁生了锈那样浑身红褐色，一眼就能认出来。你看不到铝“生锈”的痕迹，于是你以为铝不会生锈呢！其实你是被它的那一层外表欺骗了。

铝之所以不会严重生锈，是因为铝很容易与氧气化合生成铝锈（氧化铝）。氧化铝是层极薄的致密物质，仅0.00001mm厚，它紧紧地贴在铝的表面，好像皮肤一样保护铝内部不再被锈蚀。氧化铝还有一个特性，就是把它擦去，不久又会生成新的氧化铝层，继续起保护作用，可以保护铝内部一直不受锈蚀。真可谓是铝的“贴身保镖”。

3.6.2 镁

镁是在自然界中分布最广的十个元素之一（镁是在地球的地壳中第八丰富的元素，约占2%的质量，亦是宇宙中第九丰富的元素），但由于它不易从化合物中还原成单质状态，所以迟迟未被发现。在电池发明以后，化学家们得到了分解活泼元素化合物的武器，利用电解的方法分离出它们的单质，才把它们作为元素确定下来。

镁在自然界中分布很广，资源比较丰富，镁的来源最主要是海水、盐湖卤水中的氯化镁、光卤石及白云石、方镁石、滑石、尖晶石、菱镁矿（见图3-47）等。

镁合金具有良好的轻量性、切削性、耐蚀性、减震性、尺寸稳定和耐冲击性，远远优于其他材料，这些特性使得镁合金在广泛领域都有应用，比如交通运输、电子工业、医疗、军事工业等，而且这种趋势只增不减，尤其在信息家电产品、高铁、汽车、自行车、航空航天、建筑装饰、手持工具、医疗康复器械等领域应用前景好、潜力大，已经成为未来新型材料的发展方向之一。工信部在指定

图 3-47　精益剔透的菱镁矿

“十二五”期间支持发展的 400 多种新材料目录中，与镁相关的就有 12 个。

镁合金的导热导电性强，并具有很好的电磁屏蔽、阻尼性、减振性和切削加工性，还具有易于回收等优点，被誉为 21 世纪的绿色工程材料。镁合金作为目前密度最小的金属结构材料之一，广泛应用于航空航天工业、军工、交通和信息家电领域。

镁具有极好的易燃性，用一根火柴就可将一根镁条点燃。因为镁在空气中燃烧时能发出耀眼的亮光，所以人们便用镁粉来制成闪光粉，供摄影使用。一些烟花和照明弹中都含有镁粉，就是利用了镁在空气中燃烧能发出耀眼的白光的性质，为节日增添了不少喜庆。如图 3-48 所示。镁是核工业上的结构材料或包装材料；镁肥能促使植物对磷的吸收利用，缺镁植物则生长趋于停滞；金属镁能与大多数非金属和酸反应；镁能合成试剂，广泛应用于有机合成中；用镁合金做的笔记本电脑外壳轻巧、美观，等等。所以说镁合金使我们的生活变得更“镁”好。

图 3-48 广场中绽放的烟花

虽然镁很易燃，但这并不影响它在各工业领域的应用，因为大块金属镁能以足够快的速度把热量从它的表面散发出去，所以大块的镁合金部件很难着火。目前很多笔记本电脑产品采用了铝镁合金外壳，如图 3-49 所示。另外，还可以用铝镁合金制造汽车零件，用钛镁合金制造装饰门窗，用镁合金制造轻便的自行车。

图 3-49 铝镁合金制造的笔记本计算机外壳

3.6.3 铜

1. 曾青得铁则化为铜

铜是人类发现最早的金属之一，也是最好的纯金属之一。但是，铜属于重金属，如果不能合理利用铜，就会带来很大的污染。我国西汉时期就开始冶炼铜，古人有“曾青得铁则化为铜”的记载，是现代“湿法炼铜”的先驱。曾青就是蓝绿色的硫酸铜溶液，铁与硫酸铜溶液反应将铜置换出来，同时生成硫酸亚铁，化学反应的化学方程式为：$Fe + CuSO_4 = Cu + FeSO_4$，该反应中反应物是一种单质和一种化合物，生成物是另一种单质和另一种化合物，属于置换反应。铁与硫酸铜溶液反应将铜置换出来，同时生成硫酸亚铁溶液，该变化过程中有一些明显的现象：铁表面有红色物质析出，蓝色溶液逐渐变成浅绿色。

铜是一种存在于地壳和海洋中的金属，在个别铜矿床中，铜的含量可以达到3%～5%（质量分数）。自然界中的铜，多数以铜矿物存在，如蓝铜矿、黄铜矿、赤铜矿、黝铜矿、斑铜矿（见图3-50）等，它们颜色绚丽，光彩照人，简直就是天然的艺术品。铜矿储量最多的国家是智利，约占世界储量的1/3。

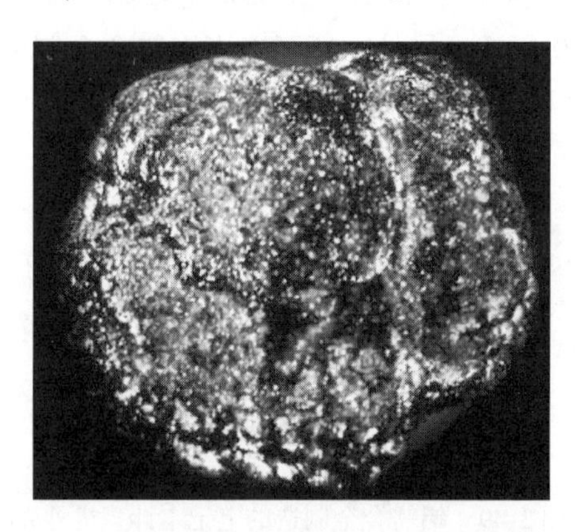

图3-50　光彩斑斓的斑铜矿

早在远古时代，人们便发现了天然铜（纯铜），用石斧将它砍下来，用锤打的方法把它加工成物件。于是铜器挤进了石器的行列，并且逐渐取代了石器，结束了人类历史上的新石器时代。铜的使用对早期人类文明的进步影响深远，可以说是人类的功勋元素。

当人们有了长期用火，特别是制陶的丰富经验后，就为铜的冶炼准备了必要的条件。1933 年，在河南省安阳县殷墟发掘中，发现重达 18.8kg 的孔雀石，如图 3-51 所示，直径在 35mm 以上的木炭块、炼铜用的将军盔以及重 21.8kg 的煤渣，说明 3000 多年前我国古代劳动人民从铜矿取得铜的过程。

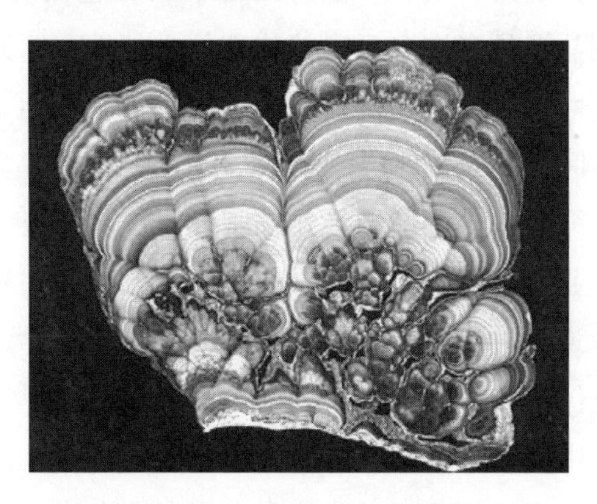

图 3-51 美丽如画孔雀石

孔雀石在人类历史上书写过光辉灿烂的篇章，我们勤劳智慧的祖先发现并收藏了这种美丽的矿石，他们偶然将其投进火堆里，在火堆的余烬中发现了闪闪发光的金属铜，这就是炼铜技术的开端，从此，人类告别了漫长的石器时代，进入了青铜器时代。

1957 年和 1959 年两次在甘肃武威皇娘娘台的遗址发掘出铜器近 20 件，经分析，铜器中铜含量高达 99.63% ~99.87% （质量分数），属于纯铜。从中我们可以看到曾雄踞于一个历史时期的金属铜对中国文明史的贡献。

2. 铜与电的缠绵

铜是最广泛应用的导电材料，常用来制作导线以及许多电力零部件，各家各户都离不开它。铜的导电性能仅次于银而优于其他所有的金属，因而被用作测试材料导电性能的基准。铜不仅具有优异的导电性，而且熔点高（1083℃）、力学性能好、工作可靠、耐腐蚀、使用寿命长，是最广泛应用的导电材料。用于电力、电子和电器工业以及其他用途的铜，通常被精炼至大于99.98%的纯度。

3. 铜的紫黄青白

纯铜是一种坚韧、柔软、富有延性的紫红色而有光泽的金属，又被称为紫铜。铜具有许多可贵的物理化学特性，例如其热导率很高，化学稳定性强，抗张强度大，易熔接，且耐蚀性、可塑性、延性好。1g的铜可以拉成3000m长的细丝，或压成10多平方米几乎透明的铜箔。纯铜的导电性和导热性很高，仅次于银，但铜比银要便宜得多。工业纯铜分为四种：T1、T2、T3、T4，编号越大，纯度越低。纯铜为逆磁性物质，常用来制造不受磁场干扰的磁学仪器，如罗盘、航空仪器。

纯铜可以用来制造多种合金，黄铜是其中一种。黄铜是向纯铜中加入锌，使纯铜的颜色变黄，故此而得名。由于主要由铜和锌组成，黄铜的力学性能和耐磨性能都很好，可用于制造精密仪器、船舶的零件、枪炮的弹壳等。黄铜敲起来声音好听，因此锣、钹、铃、号等乐器都是用黄铜制作的，没有黄铜，这个世界将会减少很多美妙的音乐。

铜与锡的合金叫青铜，因色青而得名。青铜是人类历史上一项伟大的发明，它是红铜和锡、铅的合金，也是金属冶铸史上最早的合金。青铜器出现后，立刻盛行起来，从此人类历史进入新的阶段——青铜器时代。

另外，青铜还常用于制作艺术品，其上富丽精致的纹饰，风格多样的铭文书体，让人叹为观止，为许多收藏家所青睐。

白铜是以镍为主要元素的合金，加入镍以后使得铜合金的颜色变白，白铜色泽和银一样，不易生锈。镍含量越高，颜色越白，镍的质量分数大约在10% ~30%范围内。镍含量更高的合金则被称为康铜。人们生活中经常用到的钥匙大多数银光闪闪，却说是铜合金的，就是因为使用的是白铜。

纯铜加镍能显著提高强度、耐蚀性、硬度、电阻和热电性，并降低电阻率温度系数。因此白铜较其他铜合金的力学性能、物理性能都异常良好，延性好、硬度高、色泽美观、耐腐蚀、富有深冲性能，适用于装饰品、给水器具、仪器器械和货币的制造，还是重要的电阻及热电偶合金材料，白铜制作的钱币如图3-52所示。白铜的缺点是主要添加元素镍属于稀缺的战略物资，价格比较昂贵，故白铜的普及受到了一些限制。

图3-52 白铜制作的钱币

此外，铜还具有良好的耐蚀性能，优于普通钢材，在碱性气氛中优于铝。铜的电位序中是+0.34V，比氢高，是电位较正的金属。铜在淡水中的腐蚀速度也很低。并且铜管用于运送自来水时，管壁不沉积矿物质，这点是铁制水管所远不能及的。正因为这一特性，高级卫浴给水装置中大量使用铜制水管、龙头及有关设备。铜极耐大气腐蚀，其在表面可形成一层主要由碱式硫酸铜组成的保护薄膜，即铜绿，其化学成分为$CuSO_4 \cdot Cu(OH)_2$及$CuSO_4 \cdot 3Cu(OH)_2$。因此，铜材被用于建筑屋顶面板、雨水管、上下管道、管件、化工和医药容器、反应釜、纸浆滤网、舰船设备、螺旋桨、生活和消防管网、冲制种类硬币（耐蚀性）、装饰、奖牌、奖杯、雕塑和工艺品（耐蚀性色泽典雅）等。

3.6.4 锌

1. 天工开锌

锌也是人类远古时代就知道其化合物的元素之一。锌矿石和铜熔化制得合金——黄铜，早已为古代人们所利用。但金属状锌的获得比铜、铁、锡、铅要晚得多，一般认为这是由于碳和锌矿共热时，温度很快高达1000℃以上，而金属锌的沸点是906℃，故锌即成为蒸气状态，随烟散失，不易为古代人们所察觉，只有当人们掌握了冷凝气体的方法后，单质锌才有可能被取得。

锌是一种灰色金属，密度为7.14g/cm^3。在室温下较脆，100～150℃时变软，超过200℃后又变脆。锌的化学性质活泼，在空气中表面易生成一层薄而致密的碱式碳酸锌膜，可阻止进一步氧化。当温度达到225℃后，锌氧化剧烈。燃烧时，发出蓝绿色火焰。锌易溶于酸，也易在溶液中置换出金、银、铜等。

如果把锌矿石和焦炭放到一起加热，金属锌就会被还原出来，并像开水一样沸腾，变成锌蒸气，再把这种蒸气冷凝，便可制得纯净而漂亮的金属锌。

单一锌矿较少，锌在自然界中多以硫化物状态存在，主要含锌矿物是铅锌矿（见图3-53）和菱锌矿等。

我国是世界上最早发现并使用锌的国家，在10～11世纪首先大规模生产锌。明朝末年宋应星所著的《天工开物》一书中有世界上最早的关于炼锌技术的记载。生产过程非常简单，将炉甘石（即菱锌矿石）装满在陶罐内密封，堆成锥形，罐与罐之间的空隙用木炭

图 3-53　白加黑的铅锌矿

填充，将罐打破，就可以得到提取出来的金属锌锭。

1975 年，在瑞典海岸沉没的东印度公司的船，经证实运载的是我国的锌，分析回收的铸锭，发现它们几乎为纯净的金属锌。

2. “铁面无私”

全世界每年因金属腐蚀造成的直接经济损失约达 7000 亿美元，是地震、水灾、台风等自然灾害造成损失的总和的 6 倍。这还不包括由于腐蚀导致的停工、减产和爆炸等造成的间接损失。金属腐蚀的主要害处，不仅在于金属本身的损失，更严重的是金属制品结构损坏所造成的损失，甚至大到无法估量。腐蚀是钢铁的致命弱点，钢铁因腐蚀而报废的数量约占钢铁当年产量的 25% ~30%，造成了巨大的资源浪费。因此提高钢铁的耐蚀性非常重要。目前，电镀是人们常用的提高钢铁耐蚀性的方法，即在钢铁表面镀上一层比其活泼的金属。

锌因其资源丰富、价格低廉且可以很好地保护钢铁而受到青睐。锌最典型的用途是利用原电池作为钢铁等材料的防腐蚀表面，例如白铁皮烟筒或白铁皮瓦楞板，只有在它们的镀锌面完全腐蚀掉以后，铁皮才开始生锈。正是由于这种“牺牲自己、保护他人”的长处，锌被广泛用于汽车、建筑、船舶、轻工等行业，不仅使其免受腐蚀，耐蚀性提高了5~8倍，而且还能增强表面外观。锌不断地锈蚀减少，却保护了它相邻的钢铁安居乐业，这是多么可敬的自我牺牲啊！

3. 锌与生命

有人预言：锌可能成为肿瘤、风湿病、多发性硬化、先天性畸形、精神病等至今尚难医治的很多疾病的根治关键，所以应该听医生建议，定期检查体内锌及其他微量元素的含量。

成人体内有锌约2~2.5g，其中眼、毛发、骨骼、男性生殖器官等组织中最高，肾、肝、肌肉中中等。人体血液中的锌有75%~85%在红细胞里，3%~5%在白细胞中，其余在血浆中。

锌是体内含量仅次于铁的微量元素，但直到20世纪60年代人们才知道锌也是人体必需的一种营养素。锌是很多酶的组成成分，据说人体内有100多种酶含有锌。此外，锌与蛋白质的合成，以及DNA和RNA的代谢有关。血细胞中二氧化碳的输送，骨骼的正常钙化，生殖器官的发育和维持正常功能，创伤及烧伤的愈合，胰岛素的正常功能与体质敏锐的味觉等都需要锌。

微量元素锌对人体的免疫功能起着调节作用，锌能维持人体的正常生理机能，促进儿童的正常发育，促进溃疡的愈合。常用于厌食、营养不良、生长缓慢的儿童，还可治疗脱发、皮疹、口腔溃疡、胃炎等。微量元素锌对预防出生缺陷起着极大的作用。因此，人们把锌称为“生命元素”。要想让我们的生命之花常开，每天就应该摄取足够的锌元素。

3.6.5 钛

1. 尖端科学的重要材料

钛有其独特的物理化学性质，与合金钢相比，钛合金可使飞机重量减轻40%。其他如制造人造卫星外壳、飞船蒙皮、火箭发动机壳体、导弹等领域，钛合金都可大显身手，成为一种使人类走向太空时代的战略性金属材料，在航空航天及军工领域得到广泛的使用，被誉为“太空金属”。使用了精密的钛合金航空发动机叶轮并与天宫二号空间站实现“太空之吻”的神州十一号飞船如图3-54所示，在空间站中的宇航员们“坐地日行八万里”已不再是梦想。随着科技的发展，材料生产、组装、研发的成本会越来越低，科学家预测，在不久的将来，我们能很容易进入太空，来一个太空之旅，在太空中“仰观宇宙之大，俯察品类之盛”。

图3-54 “太空之吻”

钛合金现在也被广泛应用于海洋工程，如俄罗斯台风级核潜艇的双层外壳的外层通体采用了钛合金来制作，用量达到了9000t。另外，在一度刷新了下潜深度的“蛟龙号”潜艇上，钛合金也功不可没。

从天上到地下处处都能看到钛合金的身影，它既可以用在太空领域，又可用在陆地上，还可用在海洋中，是当之无愧的“海陆空金属”。另外，由于钛合金强度高、抗疲劳性能好、加工工艺简单、性价比高，没有毒性且与人体组织及血液有好的相溶性，在医学方面也发挥了巨大的作用，被用于制作人造关节、内固定板、牙根种植体、固定螺钉等，图3-55就是用钛制作的人造骨及固定螺钉。

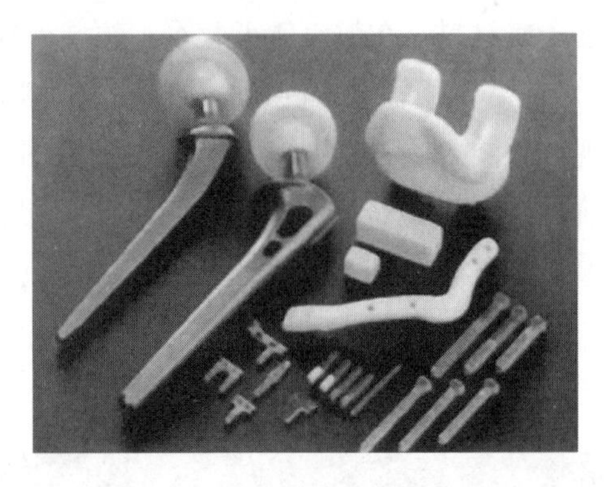

图3-55　人造骨及固定螺钉

2. 海绵钛

海绵钛是金属热还原法生产出的海绵状金属钛，如图3-56所示，质量分数为99.1%～99.7%。海绵钛生产是钛工业的基础环节，它是钛材、钛粉及其他钛构件的原料。把钛铁矿变成四氯化钛，再放到密封的不锈钢罐中，充以氩气，使其与金属镁反应，就得到“海绵钛”。这种多孔的“海绵钛”是不能直接使用的，还必须将其在电炉中熔化成液体，才能铸成钛锭。

图3-56　海绵钛

虽然钛是一种十分活泼的金属，极易与氧气发生反应生成二氧化钛，但是，钛一旦被氧化，就会在其表面生成一层极其致密并且完整的纳米级厚度的氧化膜，这层氧化膜可以防止氧化的继续进行。不仅如此，即使氧化膜遭到了破坏，暴露出来的钛也会再次进行“自修复”，重新使氧化膜变得致密、完整（这也是钛最神奇的地方之一），因此钛具有非常优秀的耐蚀性。

在钛合金加工过程中，钛板冲压成形时必须采取表面保护及减摩措施，这是由于钛及钛合金的抗磨损性很低，钛和其他金属在滑动接触状态下，很容易“焊接”在一起，如图3-57所示。即使正压力和相对滑动都很小，部分表面也会粘住。如果强行将其拆开，就会严重地破坏表面粗糙度。正因为这样，钛材不宜制作螺纹和齿轮。

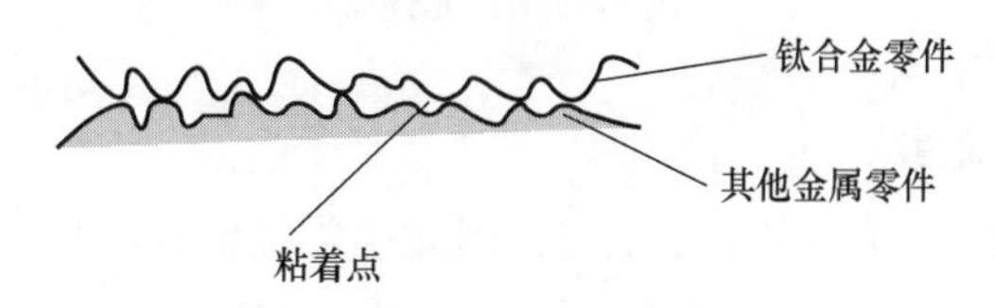

图3-57　钛合金的抗磨损性示意图

3.6.6　镍

1. 镍的中国风

镍在人类物质文明发展过程中起着重要作用。由于镍和铁的熔点较接近，镍被古人误认为是很好的铁。在古代，中国人、埃及人和巴比伦人都曾用含镍很高的陨铁制作器物，且由于镍不生锈，也被秘鲁土著人看作是银。

我国是世上第一个知道镍的国家，直到现在，波斯语、阿拉伯语中还把白铜称为“中国石”。唐初沿用隋五铢，轻小淆杂。唐高祖武德四年（公元621年），为整治混乱的币制，废隋钱，效仿西汉五铢的严格规范，开铸“开元通宝”，如图3-58所示，取代社会上遗存的五铢。最初的“开元通宝”由书法家欧阳询题写，面文“开元通宝”，形制仍沿用秦方孔圆钱，规定每十文重一两，每一文的重量称为一钱，而一千文则重六斤四两，每个钱币上都含有很多镍，可见中国当时已经有了镍元素的应用。

图 3-58　开元通宝

2. 魔鬼金属

由于镍在空气和水中很稳定，因此镍常被镀在金属制品的表面，具有很好的耐蚀性，镍同铂、钯一样能吸收大量的氢，粒度越小，吸收量越大，所以镍也被称作“魔鬼金属”。我们现在用的钥匙银光闪闪，但它却是用铜制造的，只是表面镀了一层镍罢了。

镍是十分重要的金属原料，主要用途是制造不锈钢、高镍合金钢和合金结构钢，广泛用于飞机、雷达、导弹、坦克、舰艇、航天器、核反应堆等各种军工制造业；在民用工业中，用镍制成结构钢、耐酸钢、耐热钢，大量用于各种机械制造业、石油行业；镍与铬、铜、铝、钴等元素可组成非铁基合金，镍基合金和镍铬基合金是耐高温、抗氧化材料，用于制造喷气涡轮、电阻、电热元件、高温设备结构件等；镍还可用作陶瓷颜料和防腐镀层；镍钴合金是一种永磁材料，广泛用于电子遥控、原子能工业和超声工艺等领域；在化学工业中，镍常用作氢化催化剂。

镍铜合金（又称蒙乃尔合金）可用来制造海洋石油业用的排水沉箱，镍铬钼合金可用于填充各种耐腐蚀零部件的小孔，如图 3-59

所示。

图 3-59 使用镍铬钼合金填充小孔

3. 镍的合金家族

镍是一种银白色金属，质地坚硬，具有磁性和良好的可塑性，能导电导热。镍具有磁性，能被磁铁吸引。而用铝、钴与镍制成的合金，磁性特别强，这种合金受到电磁铁吸引时，不仅自己会被吸过去，而且在它下面能吊起比它重六十倍的物体，也不会掉下来。

在自然界，最主要的镍矿是硅镁镍矿、镍黄铁矿、红镍矿、针镍矿（见图 3-60）与辉砷镍矿。古巴是世界上最著名的蕴藏镍矿的

图 3-60 针镍矿

国家，在多米尼加也有大量的镍矿。我国甘肃等地也有镍矿存在，镍的硫化物矿储量居世界第二位。

镍合金按用途分为高温合金、耐蚀合金、耐磨合金、精密合金和形状记忆合金。

（1）镍基高温合金　在 650 ~ 1000℃高温下有较高的强度和抗氧化、抗燃气腐蚀能力，是高温合金中应用最广、高温强度最高的一类合金。常用于制造航空发动机叶片和火箭发动机、核反应堆、能源转换设备上的高温零部件。

（2）镍基耐蚀合金　具有良好的综合性能，可耐各种酸腐蚀和应力腐蚀。最早应用的是镍铜合金（又称蒙乃尔合金），广泛用于民用船舶、军用舰艇以及海洋石油钻井平台等；此外还有镍铬合金、镍钼合金、镍铬钼合金等，可用于填充各种耐腐蚀零部件的微孔。

（3）镍基耐磨合金　除具有高耐磨性能外，其抗氧化性、耐蚀性、焊接性能也好。可制造耐磨零部件，也可作为包覆材料，通过堆焊和喷涂工艺将其包覆在其他基体材料表面。

（4）镍基精密合金　包括镍基软磁合金、镍基精密电阻合金和镍基电热合金等。最常用的软磁合金是含镍质量分数为 80% 左右的玻莫合金，是电子工业中重要的铁心材料。镍基精密电阻合金的主要合金元素是铬、铝、铜，这种合金具有较高的电阻率、较低的电阻温度系数和良好的耐蚀性，用这种合金制作的电阻器，可在 1000℃温度下长期使用。

（5）镍基形状记忆合金　回复温度是 70℃，形状记忆效果好。少量改变镍钛成分比例，可使回复温度在 30 ~ 100℃范围内变化。多用于制造航天器上使用的自动张开结构件、宇航工业用的自激励紧固件、生物医学上使用的人造心脏马达等。

镍的盐类大都是绿色的（只有氧化镍呈灰黑色），因此它们除可用于电镀工业外，还可用来作为陶瓷和玻璃的颜料等。

3.6.7 锡

1. 无锡不青铜

人类最早发现和使用锡的历史，可以追溯到4000年以前。古代人不仅使用锡制作一些锡器，而且发现锡有许多独特的性质，例如铜和锡形成合金青铜。据考证，我国商代已能冶炼锡，并能将锡和铅区分开。周朝时，就普遍使用锡器。在埃及古墓中，也发现有锡制的日用品。在古代，人类将锡石与木炭放在一起烧，锡即被还原析出。

锡从古代开始就是青铜的组成部分之一，在铜中加入锡制成的青铜硬度大大提高，可以用来制造冷兵器，所以没有锡的帮助，铜不可能变得这么坚硬。

中国有一句妇孺皆知的励志明言“有志者，事竟成，破釜沉舟，百二秦关终属楚；苦心人，天不负，卧薪尝胆，三千越甲可吞吴”。其中后一句讲的是越王勾践卧薪尝胆，以小国打败大国吴国的事情。“越王剑”本身名不虚传，它是中国兵器制造史上不朽的杰作，享有“天下第一剑”的美誉，也是我国的国宝级文物。一把在地下埋藏了2000多年的青铜古剑，居然毫无锈蚀，且依然锋利无比，闪烁着炫目的青光，寒气逼人！这其中就有镍的功劳。

江苏省无锡市即以锡命名，相传无锡在战国时期盛产锡，到了锡矿用尽之时，人们就以无锡来命名这地方，希望天下再也没有战争。我国有一对偶佳句：“无锡锡山山无锡，平湖湖水水平湖”，非常绝妙！

2. 天然净化器

古时候，人们常在井底放上锡块，可以净化水质。用锡制作的器皿，盛酒冬暖夏凉、淳厚清冽，可谓是天然的水质净化器。锡茶壶泡出的茶水特别清香，而用锡瓶插花则不易枯萎，好神奇！锡器以平和柔滑的特性，高贵典雅的造型，成为人们日常生活的用具和馈赠亲友的佳品，可谓高端大气上档次，如图 3-61 所示。

图 3-61　锡器

金属锡的一个重要用途是用来制造镀锡铁皮。由于纯锡与弱有机酸作用缓慢，一张铁皮一旦穿上锡的“外衣”之后，既能抗腐蚀，又能防毒。目前，镀锡铁皮已广泛用于食品工业中，如罐头可以保证清洁无毒。不但如此，在军工、仪表、电器以及轻工业的许多部门都有它的身影。

金属锡可以用来制成各种各样的锡器和美术品，如锡壶、锡杯、锡餐具等，我国制作的很多锡器和锡美术品自古以来就畅销世界许多国家，深受人民的喜爱，就是用锡做的杯子，由于锡杯与普通杯子相比有很多好处，所以也有很多专家建议我们喝水时用锡制杯子。

3. 即怕冷又怕热的锡

为何既怕冷又怕热呢?

据报道，加拿大化学家和学者潘尼 · 莱克托在其新书《拿破仑的纽扣：改变世界历史的 17 个分子》中披露，英国理查三世因一颗马掌钉而失天下，法国皇帝拿破仑也很可能是因为一些锡制纽扣而在征俄战争中惨遭失败。1812 年 9 月 14 日，拿破仑 60 万征俄大军夺下莫斯科后，寒冷的空气给拿破仑大军带来了致命的诅咒。在饥寒交迫下，1812 年冬天，拿破仑大军被迫从莫斯科撤退。

据称，拿破仑征俄大军的制服上，采用的都是锡制纽扣，而在寒冷的气候中，下降到零下 13℃时，锡竟会逐渐变成松散的粉末，称为“灰锡”。这种锡的“疾病”还会传染给其他“健康”的锡器，被称为“锡疫”，也说锡生了“冻疮”。于是锡制纽扣发生化学变化，分裂成粉末。由于衣服上没有了纽扣，数十万拿破仑大军在寒风暴雪中形同敞胸露怀，许多人被活活冻死。真让人想不到堂堂的法兰西帝国竟然是因为小小的锡扣而轰然倒塌。

锡不仅怕冷，还怕热。在 160℃以上，锡又转变成斜方锡，斜方锡很脆，一敲就碎，延性很差，叫作“脆锡”。

纯锡也可用作某些机械零件的镀层。锡易于加工成管、箔、丝、条等，也可制成细粉，用于粉末冶金。锡几乎能与所有的金属制成合金，用得较多的有锡青铜、巴氏合金、铅锡轴承合金等。还有许多含锡特种合金，如含锡锆基合金在核能工业中作为核燃料包覆材料；含锡钛基合金用于航空、造船、核能、化工、医疗器械等行业；铌锡金属间化合物可作为超导材料；锡银汞合金可用作牙科金属材料；锡和锑、铜合成的锡基轴承合金和铅、锡、锑合成的铅基轴承合金，可以用来制造汽轮机、发电机、飞机等承受高速高压机械设备的轴承。锡的重要化合物有二氧化锡、二氯化锡、四氯化锡及锡的有机化合物，分别用作陶瓷的瓷釉原料、印染丝织品的媒染剂、塑料的热稳定剂，也可用作杀菌剂和杀虫剂。

3.7 其他金属材料

3.7.1 贵金属

在武侠小说中经常看到侠客们一掷千金，甩手一个金元宝、银元宝买到好多东西。自古以来，黄金与白银都是财富的象征。多少人为了争夺它们而头破血流，多少国家因它们而繁荣，也因它们而覆灭。古代的皇家器具多用金银打造，可见它们尊贵的身份。它们都可以归为今天我们要说的主角——贵金属。

贵金属是一个大家族，它不但包括黄灿灿的金子和亮闪闪的银子，还有以日常生活中我们所说的白金为老大的铂族金属小团体。这个小团体以铂为“带头大哥”，成员有钌、钯、锇、铱、铑这几个“小弟”，它们都不是酒囊饭袋，都是有特长的贵族。铂族金属被称为“现代工业的维生素”，许多工业化的国家都将它们列为“战略物资”。由此可看出它们举足轻重的分量。下面我们挨个介绍每个贵金属的前世今生。

1. 乱世买黄“金”

俗话说“乱世买黄金”，黄金作为硬通货，是公认的一般等价物，即使乱世时货币数字飞涨、贬值，但都会回归到以黄金作为公认的硬通货。由此可以看出黄金自古以来的重要地位。

金是人类最早发现的金属之一。1964 年，我国的考古工作者在陕西省临潼县秦代栋阳宫遗址内发现了 8 块战国时代的金饼，它们的含金质量分数达 99% 以上，距今也已有两千多年的历史。为什么金会被人们最早发现和利用？其实一猜就能猜出来，熟悉初中化学的人都应该知道，金在自然界中是以单质的形式存在的，它拥有金光灿烂的颜色，一目了然，大自然中的金矿石（见图 3-62）于万千世界当中被发现。古代中世纪欧洲的炼丹家们用太阳表示金，因为它们像太阳一样发出耀眼的黄色光芒。

在中国的古代，常常会看到黄金、白银、赤铜、青铅、黑铁这些名字，鲜明地展现出金属的不同外观。黄金是稀少珍贵的，古代便有“五金之王”的尊称，甚至有“金属之王”的霸气称号。黄金曾经享有其他金属不能与之抗衡的显赫地位，拥有别的金属没有的盛誉。正是黄金具有的这一“贵族”地位，使得其在相当一段时间都是财富和权力的象征，它被用作金融储备、货币、首饰等。

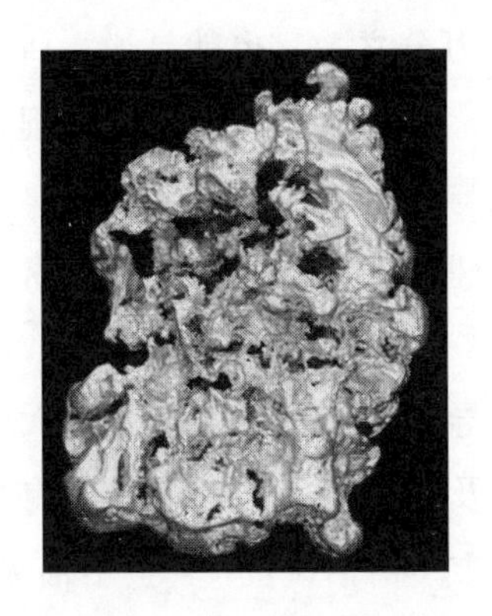

图 3-62 金矿石

其实，黄金除了用作装饰品与货币储备外，在科学技术与工业上也有广泛的应用。

难以想象，1g 金可以拉成长达 4000m 的金丝（见图 3-63）。假如我们将 300g 金拉成细丝，甚至可以从南京沿铁路线延伸至北京。

图 3-63 金丝

看过《李卫当官》的朋友会有印象，盐商们将黄金制作成金叶子，在钱塘江大潮的时候将金叶子往江里撒，这是多么奢侈的行为。我们在寺庙里看到许多金佛，其实大部分都是在表面贴了一层金箔。

黄金之所以能做成这些东西得归功于它良好的延性，也比较柔软，很容易加工成超薄金箔、微米金丝和金粉。

1g 的黄金可以打成 $1m^2$ 的薄片，金叶甚至可以被打薄至透明，厚度仅有1cm的五十万分之一，也就是说，将五十万张金箔叠合起来，才有1cm那么厚。透过金叶可以看到光显露出蓝绿色，这主要是因为金反射黄色光与红色光的能力特别强。

金箔用于塑像、建筑、工艺品的贴金，常见于寺庙、教堂内的装饰贴金。

金可以很好地传导热和电，亦不受地球大气层及大部分反应物影响。热、湿气、氧及大部分侵蚀剂只对金有少量化学影响，这使其适合作为硬币及珠宝。俗话说："真金不怕火，烈火见真金"。这一方面是说明金的熔点较高，达到1063℃，烈火不易烧熔它。另一方面也是说明金的化学性质非常稳定，任凭火烧，也不会锈蚀。

耀眼的钻石令人心动，其实它只是一个骗局，不过是碳单质，而我们的黄金是实实在在的，是与生俱来拥有尊贵身份的贵金属材料。在过去，黄金是金属中的"贵族"，主要被用作货币、装饰品，但由于黄金硬度不高，容易被磨损，一般不作为流通货币。

彩金又称彩色金，具有紫红、红、粉红、橙、绿、蓝、褐及黑色，它们是用金加入铜、铝、银、钴、钯、铁、镉、镍等金属熔炼而成的。与传统的黄金和铂金相比，彩金不但能使有色宝石的色彩更加浓重，还体现了金属材质的精致、细腻，如图3-64所示为装饰用镀金马赛克。颜色越是奇特的彩金，其价格越是昂贵。

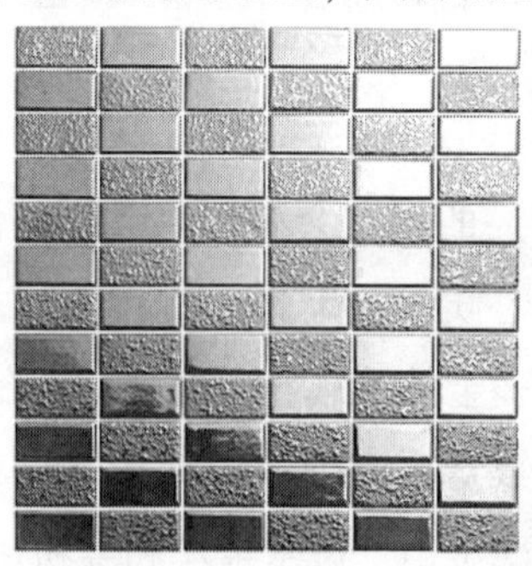

图3-64　镀金马赛克

在一定压力下金容易被熔焊和锻焊，也可制成超导体与有机金等。

2. 白“银”帝国

在2009年，上映了一部由郭富城、张铁林主演的电影——《白银帝国》。该片讲述了晋商票号起落的故事。提起晋商票号，历史上最有名的有日升昌，它是中国第一家票号，从清道光初年成立票号到歇业，历经一百多年，曾经“执中国金融之牛耳”，分号遍布全国35个大中城市，业务远至欧美、东南亚等国，以“汇通天下”而著名，被余秋雨先生誉为中国大地各式银行的“乡下祖父”。中国银行的前身就是日升昌票号。日升昌的主要业务就与本节的主角银相关。

在古代，人们便对银有了认识。我国的考古工作者从近年出土的春秋时代的青铜器中就发现了镶嵌在器具表面的“金银错”（一种用金、银丝镶嵌的图案），如图3-65所示。

图3-65　金银错

银具有独有的优良特性，人们曾经赋予它货币和装饰的双重价值，1949年以前使用的银圆就是以银为主的银铜合金，如图3-66所示为我们平时说到的袁大头现大洋和清末宣统年间的银圆。

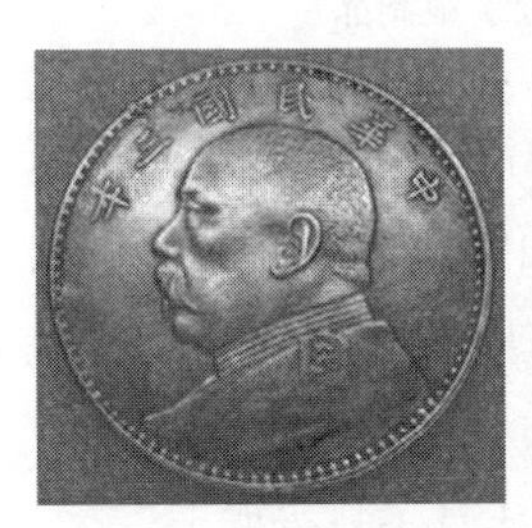

图3-66　银圆

银，永远闪耀着月亮般的光辉。我国常用银字来形容白而有光泽的东西，如银河、银杏、银耳、银幕等。银就像一个亮晶晶的少年，全身上下都闪烁着柔和而又美丽的光芒。唐代大诗人李白曾在《侠客行》中作“银鞍照白马，飒沓如流星”。银的梵文原意也是“明亮”的意思。

与金不同的是，纯银作为一种美丽的白色金属，在自然界中很少以单质状态存在，大部分是化合物状态。值得一提的是，银是导电性能最好的纯金属。试想一下，如果将导电线都换成银制的材料，每年会省多少电？可是，这样子的代价就太高昂了。除此之外，银传导热的特性也非常好。银还具有良好的延性与可塑性，常常作为首饰与工艺品，如图 3-67 所示为传统银制品。

图 3-67　传统银制品

在中国民间，银器能验毒的说法广为流传。早在宋代著名法医学家宋慈的《洗冤集录》中就有用银针验尸的记载。时至今日，还存在着银器能验毒的传统观念，有些人常用银筷子来检验食物中是否有毒。

银果真能验毒吗？银验毒的说法是否科学呢？

古人所指的毒，主要是指剧毒的砒霜，即三氧化二砷，古代的生产技术落后，致使砒霜里都伴有少量的硫和硫化物。其所含的硫与银接触，就可起化学反应，使银针的表面生成一层黑色的“硫化银”，到了现代，生产砒霜的技术比古代要进步得多，提炼很纯净，不再含有硫和硫化物。银的化学性质很稳定，在通常的条件下不会与砒霜起反应。可见，古人用银器验毒是受到历史与科学限制的缘故。

银本身并不具备验毒的功效，却具有杀菌消毒的功能。用银作碗、筷使用于日常生活中是大有好处的。

公元前三百多年，古代马其顿王国的皇帝亚历山大带领军队东征时，受到热带痢疾的感染，大多数用使用锡制餐具的士兵得病死亡，然而使用银制餐具的军官们却很少染疾。这次事件中银居功至伟！这是因为银有很强的杀菌能力，它会使细菌进行呼吸必不可少的一种酶停止作用，如图3-68所示。但长菌后银本身会变黄甚至变黑。

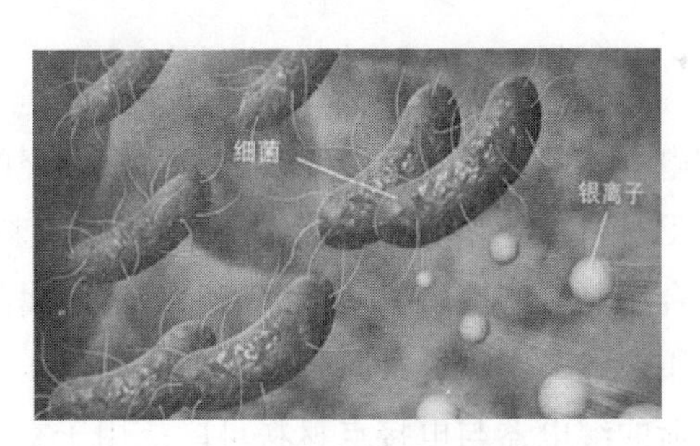

图3-68　银离子抑制细菌繁殖

银在生活中有这么多用途，在工业上的用处同样不可小觑。我国电子电气、感光材料、化学试剂和化工材料每年所耗白银约占银总消耗量的75%左右，白银工艺品及首饰消耗量约占10%，其他用途15%。目前，银在电子信息、通信、军工、航空航天、影视、照相等行业得到了广泛的应用。在影视和照相行业中，由于银的卤盐（溴化银、氯化银、碘化银）和硝酸银具有对光特别敏感的特性，可用来制作电影、电视和照相所需要的黑白与彩色胶片、底片、晒相和印相纸、印刷制版用的感光胶片、医疗与工业探伤用的 X 射线胶片和航空测绘、天文宇宙探索与国防科学研究等使用的各种特殊感光材料。胶片中的溴化银晶体如图 3-69 所示。

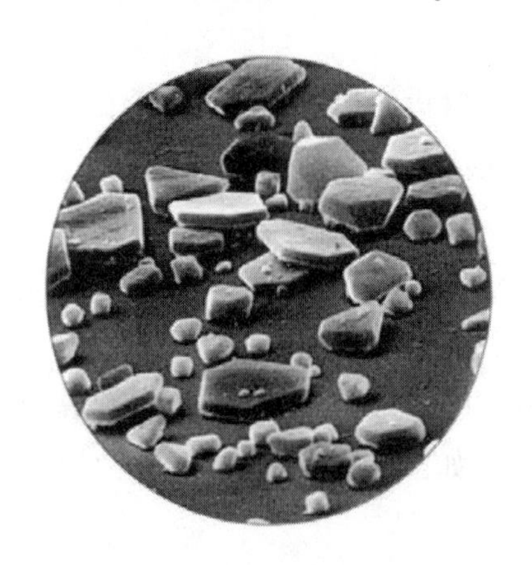

图 3-69　胶片中的溴化银晶体

在机电和电气工业方面，银主要以纯银、银合金的形式用作电接触材料、电阻材料、钎焊材料、测温材料和厚膜浆料等。用银铜、银镉、银镍等合金制作的电触头，可以消除一般金属的接触电阻及粘接等弊病；用银钨、银钼、银铁合金等制作的低压功率开关、起重开关、重负荷的继电器与电接点材料可广泛用于交通、冶金、自动化和航空航天等工业；在厚膜工艺中，银浆料的导电性最好，与陶瓷的附着力强。

3. 传说中的白金的铂

“何以道殷勤？约指一双银”，一对美丽的戒指不仅代表着对心上人的爱慕之情，更是一种承诺。制作戒指时往往也会使用一些稀有的金属。传说中的白金——铂，于是就格外受各位工匠大师的青睐。铂金是比黄金、白银等更加珍贵、稀少的贵金属。纯净的铂金呈银白色，具金属光泽。铂金的颜色和光泽是自然天成的，历久不变，如图 3-70 所示。

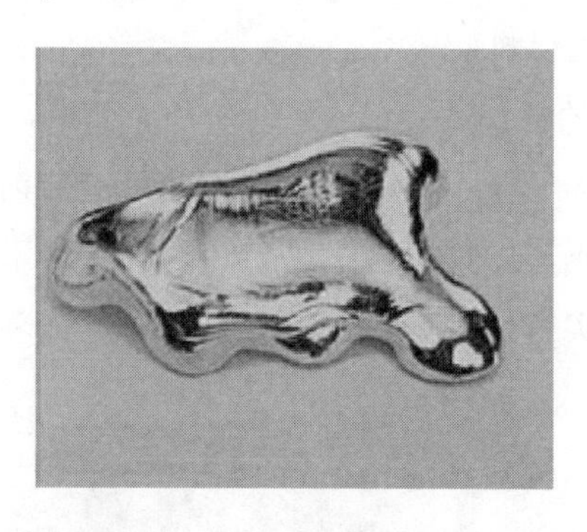

图 3-70 铂金

作为世界上最稀有的首饰用金属之一。世界上仅仅南非和俄罗斯等少数地方出产铂金，每年产量仅为黄金的 5%。成吨的矿石，经过 150 多道工序，耗时数月，所提炼出来的铂金仅能制成一枚几克重的简单戒指，如图 3-71 所示。如此稀有，难怪铂金被称为“贵金属之王”！

图 3-71 铂金戒指

铂俗称白金，其白色光泽自然天成，不会褪色。用铂金镶嵌钻石，既洁白又晶莹，象征纯洁的爱情永恒长久。铂金的主要种类有：纯铂金、铱铂金。

（1）纯铂金 是指含铂量或成色最高的铂金。其白色光泽自然天成，不会褪色，可与任何类型的皮肤相配。其强度是黄金的两倍，韧性更胜于一般的贵金属。

（2）铱铂金　是指由铱与铂组成的合金。其颜色亦呈银白色，具有强金属光泽。其硬度较高，相对密度较大，化学性质稳定，是最好的铂合金首饰材料。

4. 拒不腐蚀的钌

1844 年的一个早上，喀山大学化学教授克劳斯起床后继续思考头一天的问题。他苦思冥想，绞尽脑汁，最后终于肯定了他所研究的铂矿残渣中确实有一种新元素的存在，将其命名为钌。金属钌如图 3-72 所示。

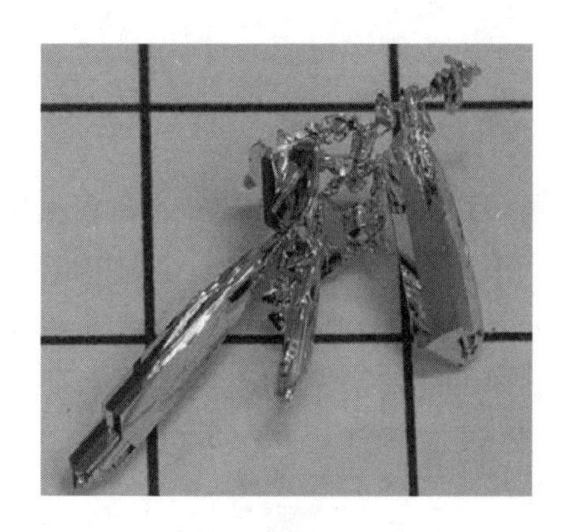

图 3-72　金属钌

在铂族金属大家族中，钌是地壳中含量最少的一个，也是铂族元素中最后被发现的一个。它在铂被发现 100 多年后才被发现，比其余铂族元素晚 40 年。

钌的化学性质很稳定。在温度达 100℃时，对普通的酸包括王水在内均有抵抗力，对氢氟酸和磷酸也有抵抗力，可以说钌是永不腐蚀。

5. 吸气大王钯

钯是自然界的一种稀有贵金属，与黄金、白银、铂金并列四大

贵金属之一，每年的总产量仅为黄金产量的5%，钯的储量主要集中在南非和俄罗斯，钯的主要用途是汽车工业和国防尖端工业。

因为铂金价格上涨过快，钯金首饰开始以相对低廉的价格受到年轻人的喜爱，被称为“首饰新贵，时尚新宠”。钯金制成的首饰不仅具有铂金般的迷人光彩，而且因为它硬度高，经得住岁月的磨砺，历久如新。钯金几乎没有杂质，纯度极高，闪耀着洁白的光芒。钯金的纯度还十分适合肌肤，不会造成皮肤过敏，从而使人们得到美的享受。如图3-73所示就是一套美轮美奂的钯金耳钉。

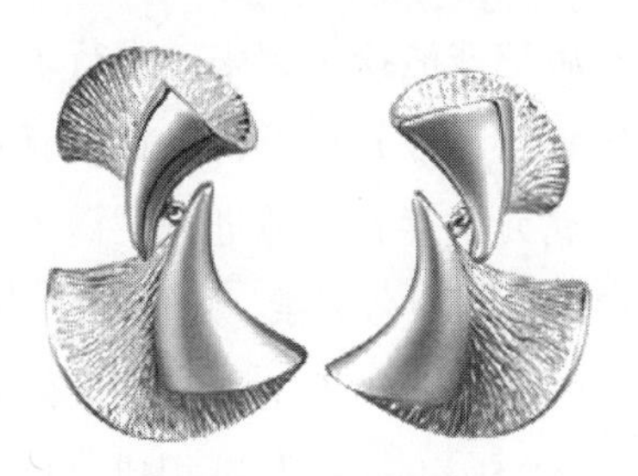

图3-73　钯金耳钉

1989年中国人民银行发行了我国贵金属纪念币发行史上的第一枚钯金币，熊猫题材，重量为1oz（28.35g），含钯99.9%（质量分数），如图3-74所示。

正面图案　　　　背面图案

图3-74　熊猫题材的钯金币

钯对氢气有巨大的亲和力，比其他任何金属都能吸收更多的氢，使体积显著胀大，变脆乃至破裂成碎片。常温下，1 体积海绵钯可吸收 900 体积氢气，1 体积胶体钯可吸收 1200 体积氢气，加热到 40 ~ 50℃时，吸收的氢气可大部分释出，所以钯可以被称为“吸气大王”。由于其高超的吸气本领，可以作为加氢反应的催化剂。除此之外，钯还可以与银、金、铜等熔成合金，可提高钯的电阻率、硬度和强度，常被用于制造精密电阻。

6. 密度双雄锇与铱

关于锇与铱的发现颇有戏剧性。1803 年，法国化学家坦南特将铂矿石溶于王水，然后把残渣捞了起来，进行了加热，忽然发现生成了一种浅黄色的氧化物，极易挥发，并且伴有强烈臭味。坦南特断定其中必有新的金属元素存在，他进行了深入系统的研究，发现了其中的两种新元素，一种命名为锇，一种命名为铱。

其实，锇最突出的特征，倒不是硬度高，而是最重。锇是密度最大的金属单质，为 22.59g/cm^3，与锇相比，自然界中铁的密度只有它的 1/3，而铅只有它的 1/2。也就是说，一块锇的重量等于同样体积铁的三倍，同样体积铅的两倍。铱是密度第二大的金属单质，为 22.46g/cm^3，几乎与冠军锇相同。因此，由于它们一同被发现，并且又是密度冠亚军，可以亲切地称之为“密度双雄”。如图 3-75 所示是一块蓝灰色的锇晶体。

图 3-75　锇晶体

铱的化学性质非常稳定，是目前已知最难腐蚀的金属。如果是致密状态的铱，即使遭遇了沸腾的王水，也可以说“王水中淌过，丝毫不伤身”。

国际米尺标本便是用包含质量分数10%的铱和质量分数90%的铂的铂铱合金制成的，可以作为长度单位米的标准。

曾经，赠送心爱的人铱金笔似乎是一件浪漫的事。铱金笔的笔头是用不锈钢制成的，笔头尖端点上有着不到1mm的银白色的小圆点，是金属锇铱的合金。锇铱合金坚硬耐磨，正好可以用来做笔尖。这种笔既有较好的耐蚀性和弹性，又有经济耐用的特点，深受广大消费者欢迎，是我国自来水笔中产量最多、销售最广的笔。铱金笔尖比普通的钢笔尖耐用，关键就在这个“小圆点”上。

铱具有极高的熔点和超强的耐蚀性，使得它在高水平技术领域中得到广泛的使用，如航天、制药和汽车行业。锇在工业上的应用也不少，如铂族金属的老本行——催化剂。合成氨的时候，锇便可以出来发挥一波作用，在不太高的温度下便可以得到较高的转化率。

1997年开始，在摩托罗拉公司的支持下，一个名叫“铱星”的公司发射了几十颗用于手机全球通信的人造卫星，这些人造卫星就叫铱星，如图3-76所示。6条运行轨道上共有66颗卫星，组成一个

图3-76 铱星

完整的移动通信系统，真可谓“巡天遥看一千河”，这个全球性卫星移动通信系统被称为铱星移动通信系统。

铱星移动通信系统是唯一可以实现在两极通话的卫星通信系统。铱系统最大的优势是其良好的覆盖性能，可达到全球覆盖。可为地球上任何位置的用户提供带有密码安全特性的移动电话业务，真正实现地球村的梦想。

7. 最后一个贵族——铑

前面介绍了那么多种贵族金属，还剩下一个贵族金属——铑，铑同样也属于铂族金属的范畴。天然的铑通常都是与其他铂系元素一起分散于冲积矿床和砂积矿床中，很少形成大的聚集。通常只有在开采铂后，从剩余的残渣中提取铑才会有一定的经济效益，如果单纯去开采铑，浪费太大，价格昂贵。

纯铑金属乍一看还以为是铝。青白色的它质地硬而脆，同样炫目夺人，在空气中能长期保持光泽，很多首饰都进行表面镀铑，以此来撑门面，即使是白银这种贵金属，有时也需要在表面镀一层铑，以彰显高贵，毕竟铑是“大佬”。如图 3-77 所示，就是一个配有白色晶钻的银质镀铑戒指。

图 3-77　配有白色晶钻的银质镀铑戒指

金属铑具有较强的反射能力，会被镀在车前灯反射镜上，电话中继器、钢笔尖等也镀铑。一些高质量科学仪器的防磨涂料中也会加铑。当然，作为铂族金属，催化剂的用途是少不了的。铑铂合金用于生产热电偶。

3.7.2 稀有金属

稀有金属家族一般分为五大类，它们分别是稀有轻金属、稀有难熔金属、稀有稀土金属、稀有稀散金属和稀有放射性金属。稀有金属在应用上主要被用作制造特种钢、超硬质合金和耐高温合金，在电气工业、化学工业、陶瓷工业、核能工业及火箭技术等方面。平时，我们用到的个人电脑、充电电池、混合动力车、GPS 系统、平板电脑、游戏设备，以及日常生活中使用的每项技术几乎都涉及这些稀有金属元素中的至少一种。

诸多稀有金属从被发现到被应用曾经沉寂了许多年，比如说 18 世纪末就被发现的钛，由于一直没有制备出较纯的钛，一度被人“不识庐山真面目。”甚至曾被科学家认为是脆弱的、无用途的金属。然而，1940 年制成纯钛后，钛金属的地位发生了翻天覆地的变化，从此以后被广泛应用于航空航天、医疗等领域。

稀有金属的冶炼不同于简单的高炉炼铁，常用的方法包括：氢还原法、水溶液电解、熔融盐电解、碘化物热分解、金属热还原法、萃取法、离子交换法等。

1. 锂

锂单质的外表漂亮，呈银白色，锂非常活泼，常温下它是唯一能与氮气反应的碱金属元素。块状金属锂可以与水发生反应，粉末状金属锂与水接触即发生爆炸。

作为世界上最轻的金属，锂的相对原子质量较小，用锂作阳极的电池具有很高的能量密度。此外，锂电池还具有质量轻、体积小、寿命长、性能好、无污染等优点，因而备受青睐。现如今，电池领域已经成为全球锂的最大消费领域。锂电池被广泛应用到笔记本电脑、智能手机、数码相机、小型电子器材、航空以及军事通信等领域。随着新能源绿色电动汽车产业的不断发展，锂电池也被广泛应用到汽车行业。

此外，在第二次世界大战及战后不久，由于锂基润滑脂（见图 3-78）相比其他的碱性润滑脂具有熔点高的优点，相比钙基润滑脂具有优异的防腐性能，因此锂被应用到飞机、坦克、火车、汽车、冶金、石油化工、无线电探测等设备上。

图 3-78　锂基润滑脂

锂是轻合金、超轻合金、耐磨合金以及其他有色合金的组成部分，能大大改善合金性能。当今世界对结构材料轻量化、减重节能、环保以及可持续发展要求的日益提高，具有良好的导热、导电、延性，还具有耐腐蚀、耐磨损、抗冲击性能好、抗高速粒子穿透力佳等特点的锂镁合金发挥了重要作用，甚至被誉为“明天的宇航合金”。

锂很容易被中子攻击而发生裂变，裂变以后在一定条件下发生快速聚变反应，生成氦原子，同时释放出中子，这时会有巨大的能量释放出来，这就是大家所熟知的氢弹爆炸的原理。因此，我国的第一颗氢弹就是用氢化锂和氘化锂作为能源的。

2. 铍

有一种光耀夺目、晶莹翠绿的宝石叫作绿柱石，如图 3-79 所示。它不但有一副漂亮外表，还有一颗高贵的心，它里面便含有珍贵的稀有金属铍。

图 3-79　绿柱石

因为绿柱石无与伦比的美丽，许多达官贵族、名人显赫都经常以收集它为荣。一时间它的身价暴涨，但自然界中可遇而不可求，化学家们开始研究如何人工制取这种代表忠诚、永恒和幸福的宝石。

研究的结果令化学家们大失所望，绿柱石的成分是氧化铝，极其普通，人工合成氧化铝比较简单，却无法制出美丽神秘的绿柱石。

1798 年，沃凯林揭开被氧化铝掩盖的层层面纱，从绿柱石中分离出了微量的氧化铍，而后又电解出金属铍。铍原子行星模型如图 3-80 所示。

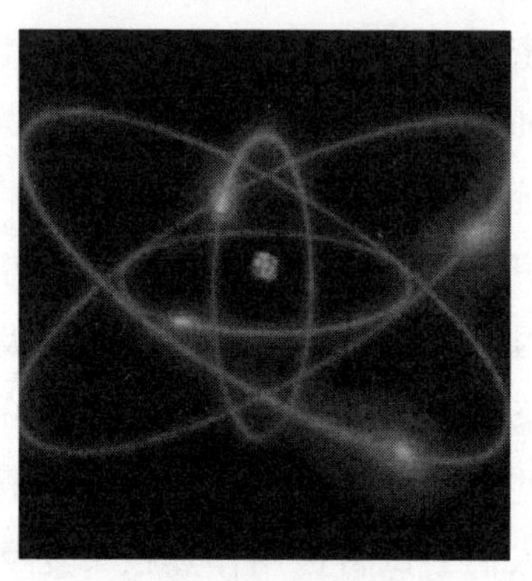

图 3-80　铍原子行星模型

铍（见图 3-81）是非常活泼的金属，在室温条件下能与氧反应在其表面生成一薄层具有保护性质的氧化膜。当温度小于 600℃时铍在干燥空气中，可长时间氧化，高于 600℃时氧化速度将逐渐加快。温度达 800℃，短时停留时，其氧化的程度反而并不太严重。

图 3-81　金属铍

铍和锂一样，在空气中形成保护性氧化层，在空气中即使红热时也很稳定。不溶于冷水，微溶于热水，可溶于稀盐酸，稀硫酸和氢氧化钾溶液而放出氢。金属铍对于无氧的金属钠即使在较高的温度下，也有明显的耐蚀性。铍价态为正 2 价，可以形成聚合物及具有显著热稳定性的一类共价化合物。

金属铍因为其密度低等优点使其在卫星及其他航天结构中得到广泛的应用。铍的质量轻，刚度大，因此在需要精确导航的导弹及潜艇的惯性导航系统中获得应用。

铍的热学性能良好，具有高熔点、高比热容、高热导率和适宜的热膨胀率等优异性能。因此，铍可用来直接吸热，如用在重返飞船、火箭发动机、飞机制动闸及航天飞机的制动闸上。

铍还可以在某些核裂变反应堆芯部作为屏蔽材料，可大大地提高裂变反应效率。人们尝试将铍用作热核聚变反应容器的内衬，成功的话，可以代替石墨，减少核污染。

金属铍因为在燃烧的过程中能释放出巨大的能量，所以被常用来作为高效率的优质火箭燃料。

铍的氧化物具有高强度、高熔点、显著的耐蚀性等特点，作为美丽与坚硬的结合，它的各种结晶体都是珍贵的宝石，如纯净的绿柱石中的佼佼者祖母绿（见图3-82）。

图3-82 祖母绿

3. 金属钛

1903年12月17日，美国的莱特兄弟成功试制了世界上第一架飞机，人们终于实现了飞天梦，接着又实现了太空梦。然而最初发明的飞机速度比汽车快不了多少，飞机飞得越快，机翼发热现象越严重。以前飞机大都用铝合金制造，铝合金虽然质量轻，但是不耐热，后来发现钛合金是比较理想的。因此，许多军用飞机、民用飞机都用到钛合金。

钛拥有诸多优异性能，比如钛的比重仅是钢铁的1/2、钛比铝更能耐高热、钛比钢铁更耐腐蚀。

钛在宇宙空间更能显示其神通，用来制造火箭、导弹、航天器、人造卫星。钛合金又轻又强韧，在与空气摩擦时能够接受“烈火”的考验；并且在宇宙空间零下一百多度的低温下不会变脆。正是它能经受“冰火两重天”的考验，使得它在航天领域得到大量使用。

另外，钛合金具有亲生物性，它没有毒性且与人体组织及血液有好的相溶性，所以被医疗界采用，例如用来制作人造骨。

钛合金还具有其他合金无法匹敌的功能——记忆功能，钛镍合金在一定环境温度下具有单向、双向和全方位的记忆效应，被公认是最佳记忆合金。

4. 金属锆

锆是一种钢灰色、强延性、难熔、主要呈四价的金属元素，如图 3-83 所示。

锆石具有从橙到红的各种美丽的颜色，无颜色的锆石经过切割后会呈现出炫目的光彩。正是如此，锆石在很长一段时间内曾经被误认为是一种软质的钻石，如图 3-84 所示为炫目的锆石。

图 3-83　锆单质

图 3-84　锆石

熟悉历史的朋友都知道，切尔诺贝利核爆炸的烟云在每个人的心头都是久久不能散去的。巨大的核辐射给人类带来了灾难，爆炸使得强辐射物质泄露，尘埃随风飘散，许多地区遭到核辐射的污染，切尔诺贝利城也变成了“死城”。

可怕的核燃料使得人们谈“核”色变，既然核燃料这么可怕，那我们可否寻找一种防护措施呢？在核反应堆里，铀棒不能直接与水接触，热水会侵蚀铀棒，铀棒使水沾上放射性，就会危害人体健康。由于核反应会产生很强的辐射，因此必须添加保护层。这时候，锆进入了人们的视野。锆锡合金外壳是核反应第一层护罩，用来将具有放射性的核燃料与世隔绝。由于金属锆具有热中子吸收截面小的特性、较好的强度、耐水的腐蚀，并且对核燃料有良好的相容性，多用作水冷核反应堆的堆芯结构材料。可以说锆是核燃料的“衣服”。金属锆拥有如此优异的核性能，核级锆便应用这个特性将其用作核动力航空母舰、核潜艇和民用发电反应堆的结构材料、铀燃料元件的包壳等。

锆的应用领域其实非常广泛，除去仅有3%～4%的锆矿石被加工成金属锆（或称海绵锆），再进一步加工成各种锆材之外，主要以硅酸锆、氧化锆的形式应用于陶瓷、耐火材料等领域。

另外，单质锆在加热时能大量地吸收氧、氢、氨等气体，是理想的吸气剂。

5. 金属钒

钒是一种银灰色的金属（见图3-85），熔点很高，常与铌、钽、钨、钼并称为难熔金属。

图3-85 钒

钒的盐类五光十色，有绿色、红色、黑色、黄色，绿的碧如翡翠，黑的犹如浓墨，看起来真的是“风华绝代”。钒如此多娇，引无数化学家竞折腰。色彩缤纷的钒化合物，可以用来制造各种各样的颜料，把我们的生活打扮得更加丰富多彩。利用钒盐能生产出非常好看的彩色玻璃、彩色墨水。我们发现有些动物的血液是绿色的，就是因为其中含有钒离子。

钒元素的踪迹遍布全世界，在地壳中，钒的含量并不少，平均两万个原子中就有一个钒原子。几乎所有的地方都有钒，但钒的分布太分散了，世界上无论何处钒的含量都不多。

在钢铁生产中添加少量金属钒，可以大大地提高钢的强度、韧性、延性和耐热性。加钒的高强度合金钢广泛应用于油气管道、建筑、桥梁、钢轨等生产建设中。

金属钒与钛铝形成合金，可以用于飞机发动机、航天器骨架、火箭发动机壳、蒸汽轮机叶片、导弹等方面。

澳大利亚新南威尔士大学研究发明了一种全钒液流电池（见图3-86），该电池是一种新型清洁能源存储装置，美国、日本、澳大利亚等国家均应用了该电池。相比其他化学电源，钒电池具有特殊的电池结构，可大电流密度放电，充电迅速，比能量高，价格低廉，应用领域十分广阔，被认为是太阳能、风能发电装置配套储能设备，许多汽车开始采用钒电池，并有逐步取代锂电池的趋势，可以说是钒电池动了锂电池的奶酪。

图3-86　全钒液流电池

6. 铌和钽

烈火金刚双胞胎——铌和钽，它们的熔点高，不怕火烧，极耐高温。

铌和钽的熔点都很高，这两种金属可称为烈火金刚双胞胎。不要说一般的火势烧不化它们，就是炼钢炉里烈焰翻腾的火海也奈何它们不得。在一些高温高热的应用场合，特别是1600℃以上的真空加热炉，铌和钽是十分适合的材料。

铌以铌铁形式用于钢铁生产。钢中只需加入少量的铌便可提高诸多性能，使钢具有良好的焊接性能和成形性能。铌的某些化合物和合金具有较高的超导转变温度，因而被广泛用于制造各种工业超导体。铌与钽具有优良的耐蚀性，即使腐蚀剂中的王者——王水，也休想动它一根“毫毛”。因此，它们大量应用在制造化学工业与制药工业的设备上。

钽具有的诸多优异性能使得钽在电子、冶金、钢铁、化工、硬质合金、原子能、超导技术、汽车电子、航空航天、医疗卫生和科学研究等高新技术领域有重要应用。在电子工业中，利用钽金属可制造电容器，具有电容量大、漏电流小、稳定性好、可靠性高、耐压性能好、寿命长、体积小等突出特点。铌与钽这一对双胞胎在工业上已经并且将继续发挥重要的作用。

7. 钼

1782年，瑞典的埃尔姆发现了钼元素，并用木炭和钼酸混合物密闭灼烧，得到了金属钼，如图3-87所示。

图3-87 金属钼

作为一种稀有金属，钼主要用来生产特殊钢，因为钼加入铁之后，能够大大增加其强度和韧性，堪称铁的忠实盟友。含钼的合金钢具有耐磨、耐高温、强度高的特点，适合用来制造枪炮、装甲车、坦克和其他武器等。20 世纪初，全世界钼产量只有几吨，第一次世界大战期间，达到了 100t 左右。在第二次世界大战的关键时期，钼的年产量达到了 3 万 t，甚至可以说钼是一种为战争而生的金属。

不锈钢中加入钼能改善钢的耐蚀性，如含钼质量分数为 4% ~ 5% 的不锈钢往往用于诸如海洋设备、化工设备等侵蚀、腐蚀比较严重的地方。以钼为基体加入其他元素（如钛、锆、铪、钨及稀土元素等）构成有色钼基合金，因为具有良好的强度、机械稳定性、高延性而被用于高发热元件、挤压磨具、玻璃熔化炉电极、喷射涂层、金属加工工具、航天器的零部件等。

钼在金属中起了重要作用，可以说是“金属味精”。其实钼不仅仅是“金属味精”，而且还是植物中不可缺少的元素。缺钼会影响植物正常生长，钼不仅能够促进植物对磷的吸收，还能加速植物体内醇类的形成与转化，提高植物叶绿素和维生素的含量，提高植物的抗旱、抗寒以及抗病的能力。

8. 钨灯丝

钨是所有金属元素中熔点最高的，它的密度同样很高，甚至与黄金接近。钨能够提高钢的强度、硬度和耐磨性，被广泛应用于各种钢材的生产中，常见的含钨钢材有高速钢、钨钢等，这些钢材主要用于制造各种工具，如钻头、铣刀。

钨具有较高的硬度，如碳化钨的硬度与钻石接近，常被用于一些硬质合金中。硬质合金可以说是钨最大的消费领域。碳化钨基硬质合金主要用于制造切削工具、矿山工具和拉丝模等。

钨和铬、钴、碳的合金常用来生产诸如航空发动机的活门、涡轮机叶轮等高强耐磨的零件，而钨和其他难熔金属的合金常用来生产诸如航空火箭的喷管、发动机等高热强度的零件。

钨可以制造枪械、切削金属，是一种用途较广的金属，被称为“工业牙齿”和“工业食盐”。钨的可塑性强、蒸发速度慢、熔点高、电子发射能力强，使它也很适合用于TIG焊接以及作为其他类似这种工作的电极材料。另外，钨丝的发光率高，使用寿命长，因而被广泛应用于制造各种灯泡灯丝，如白炽灯等。

9. 稀散金属

稀散金属通常是指由镓、铟、铊、锗、硒、碲和铼7个元素组成的一组金属化学元素。

镓是化学史上第一个先从理论上预言，后在自然界里被发现的元素。镓在自然界中常以微量（质量分数小于0.001%）分散于铝土矿、闪锌矿等矿石中。镓具有低熔点、高沸点的特性，有“电子工业脊梁”的美誉。镓的化合物是优质的半导体材料，被广泛应用到光电子工业和微波通信工业，例如我们在电脑上看到的红光和绿光就是由磷化镓二极管（见图3-88）发出的。

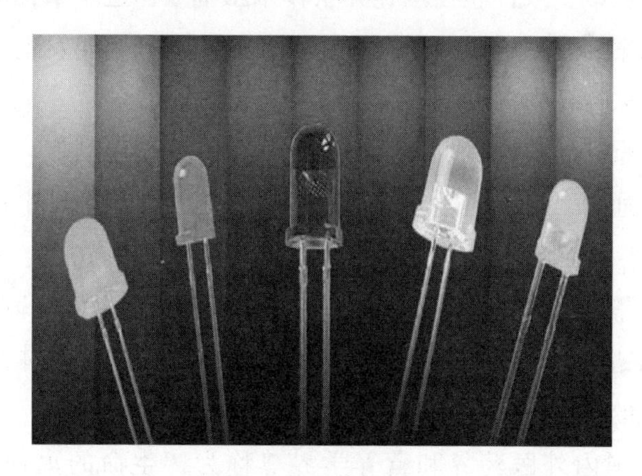

图3-88　发光二极管

太阳能电池的制造中也应用到镓，如砷化镓三五族太阳能电池，该电池具有良好的耐热、耐辐射等特性，其光电转换率非常高。

水银温度计中含有对人体健康不利的汞，所以大部分地区都禁止使用，这使得一种特殊的镓铟锡合金（在 -19℃时仍是液体）得到了广泛应用，它完全可以用来代替金属汞制作温度计。

铟比铅的毒性还大，它是造成癌症的罪魁祸首之一。美国和英国已公布了铟的职业接触限值均为 0.1mg/m³，而这两个国家铅的接触极限标准为 0.15mg/m³。一家生产手机液晶显示屏的企业的一名员工，工作两年后经常呼吸困难，经检查发现肺部布满雪花状的白色颗粒物，经过半年多时间的医学循征，专家认为是罕见的铟中毒，他血液里的铟是常规水平的 300 倍。铟是一种柔软的银白色金属。当铟弯曲时，会发出一种“哭声”，这一点和锡相似。金属铟具有延性好、可塑性强、熔点低、沸点高、电阻低、抗腐蚀等优良特性，且具有较好的光渗透性和导电性，被广泛应用于航天、无线电和电子工业、医疗、国防、高新技术、能源等领域。

除钋元素外，铊元素是第二毒性大的元素。因它是致癌物质，很多国家已减少或停止使用铊元素作杀虫剂。但近年来，仍有许多下毒凶杀案，发现凶手使用含有铊元素的药品，例如发生在清华大学的才女朱令铊中毒事件等。

锗是重要的半导体材料，在半导体、航空航天测控、核物理探测、光纤通信、红外光学、太阳能电池、化学催化剂、生物医学等领域都有广泛而重要的应用。锗元素对人体有很大好处，主要是防止贫血，帮助新陈代谢等，另外锗元素还可以抗癌。大蒜中含有许多天然的锗元素，人们在日常生活中多吃些大蒜，对身体健康是非常有好处的。

硒被国内外医药界和营养学界尊称为“生命的火种”，享有“抗癌之王”的美誉。硒在人体组织内含量极少，但却决定了生命的存在，人们应该像摄取蛋白质和维生素一样，每天补充足够的硒。我国黑龙江省五常市光照充足，昼夜温差大，是富硒大米的生产基地，五常大米素有“五常米、帝王粮”之称，大米中富含的硒元素具有极佳的防癌效果。

碲早期的应用比较局限，在第二次世界大战期间，碲作为硫化剂用于天然橡胶生产。20 世纪 50 年代后期碲成为一种具有工业实用价值的元素。碲及其化合物应用广泛，其下游行业包括太阳能、合金、热电制冷、电子、橡胶等行业。目前碲化镉薄膜太阳能行业发展迅速，被认为是最有发展前景的太阳能技术之一。

金属铼由于价格昂贵，直到 1950 年才由实验室珍品变为重要的新兴金属材料。目前铼广泛用于现代工业各部门，主要用作石油工业和汽车工业催化剂、石油重整催化剂、电子工业和航天工业用铼合金等。

10. 放射性金属

2011 年 3 月 11 日，日本福岛第一核电站所在地发生地震和海啸。一天后，1 号机组厂房发生氢气爆炸。切尔诺贝利事件的阴云在人心头还未散去，福岛核电站核泄漏事故的发生更使人对放射性谈之色变。如图 3-89 所示为福岛核电站爆炸现场。

铀在 1789 年由马丁·海因里希·克拉普罗特发现。铀化合物早期用于瓷器的着色，如图 3-90 所示为常见的钙铀云母。在核裂变现象被发现后，铀-235 由于可以用作核燃料变得身价百倍。

图 3-89 福岛核电站爆炸现场

图 3-90 钙铀云母

尽管铀在地壳中的含量很高，比汞、铋、银要多得多，但提取铀的难度较大。尽管铀在地壳中分布广泛，但是只有沥青铀矿和钾钒铀矿两种常见的矿床。

镭放出的射线能破坏、杀死细胞和细菌。因此，常用来治疗癌症等。另外，镭盐与铍粉的混合制剂可作为中子放射源，用来探测石油资源、岩石组成等。镭是原子弹的材料之一。老式的荧光涂料也含有少量的镭，如夜光手表（见图 3-91）。

1939 年，在巴黎镭研究所，居里夫人的一个年轻女助手佩雷，在研究铀矿中锕原子的衰变产物时，发现锕衰变的部分原子（质量分数为 1%）放射出 α 粒子，并转变成质子数为 87 的原子。佩雷经过缜密的实验，用化学分析的方法研究了它的性质，可靠地证实了它就是放射性元素“类铯”——钫。居里夫人将一种新元素命名为钋是为了纪念自己伟大的祖国波兰，佩雷也将这种新元素命名为钫，以此纪念她挚爱的祖国——法国。

地壳中任何时刻钫的含量约为 25g，太稀有了。钫是最不稳定的天然元素，最大的半衰期只有 21. 8min，它“红颜易老”，神秘而浪漫。可能除了核化学外，钫的用途少得可怜。但转瞬即逝的璀璨光芒才是最浪漫的（见图 3-92）。

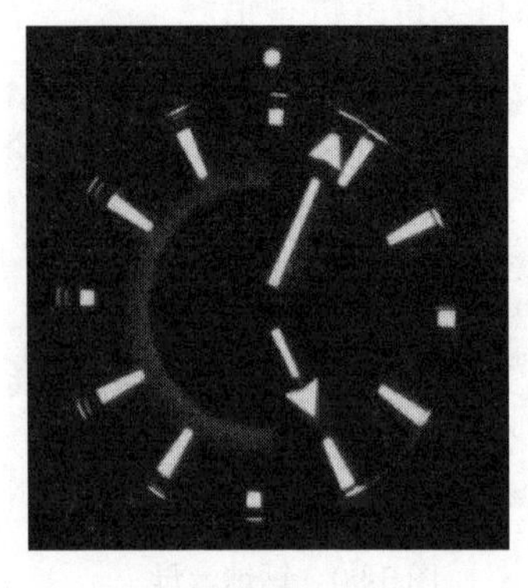

图 3-91　夜光手表

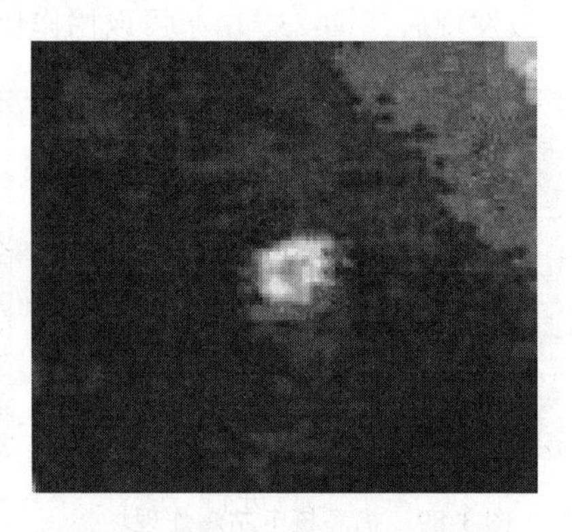

图 3-92　钫原子的发光

稀有放射性金属是一把双刃剑，许多甚至在日常生活中没有应用，它们主要应用于核工业，医疗上会用于癌症的治疗，但利用好稀有放射性金属造福人类才是最重要的。

3.7.3 稀土金属

从稀土消耗量，就可以判断一个国家的工业水平，任何高、精、尖的材料，原件，设备都离不开稀有金属。为什么同样是钢材，别人就比你耐腐蚀？同样是机床主轴，别人就比你耐用精确？同样是单晶，别人就能承受1650℃的高温？为什么别人的玻璃折射率这么高？为什么丰田能做到世界最高汽车热效率？这些统统都跟稀有金属的应用有关系。

稀土金属又称稀土元素，稀有金属，是元素周期表ⅢB族中钪、钇、镧系17种元素的总称，常用R或RE表示。钪和钇因为经常与镧系元素在矿床中共生，且具有相似的化学性质，故被认为是稀土元素。

稀土元素很少富集到经济上可以开采的程度。稀土元素的名称正是源自其匮乏性。人类第一种发现的稀土矿物是从瑞典伊特比村的矿山中提取出的硅铍钇矿，许多稀土元素的名称正源自于此地。

它们的名称和化学符号是镥（Lu）、镱（Yb）、铥（Tm）、铒（Er）、钬（Ho）、镝（Dy）、铽（Tb）、钆（Gd）、钐（Sm）、钕（Nd）、铈（Ce）、镧（La）、镨（Pr）、铕（Eu）、钷（Pm）、钪（Sc）、钇（Y）。

稀土元素被誉为“工业的维生素”，具有无法取代的优异磁、光、电性能，对改善产品性能、增加产品品种、提高生产效率起到了巨大的作用。由于稀土作用大，用量少，已成为改进产品结构、提高科技含量、促进行业技术进步的重要元素，被广泛应用到了冶金、军事、石油化工、玻璃陶瓷、农业和新材料等领域。

稀土元素于新能源、新材料等高科技发展不可或缺，在航天航空、国防军工等领域尤其具有广泛的应用价值。现代战争的结果表明，稀土武器主导战局，稀土技术优势代表着军事技术优势，拥有资源则有保障。因此，稀土也成为世界各大经济体争夺的战略资源，稀土等关键原材料战略往往上升至国家战略。

稀土元素的应用领域如图 3-93 所示。

图 3-93　稀土元素的应用领域

第4章 无机非金属材料

4.1 陶瓷

4.1.1 陶瓷发展历程

外国人把瓷器称为“中国器具”，这是因为在以前只有中国人才会制造瓷器。至今，西方仍把瓷器叫作“china”。

陶瓷是陶器和瓷器的总称，那么陶器和瓷器有何区别呢？其实很简单，陶器的断面粗糙、疏松、气孔率大，而瓷器的断面光洁致密。陶瓷的产生距今已有11700多年，我国在从旧石器时代向新石器时代过渡的人类活动文化遗迹中首次发现距今一万年以前的陶器。世界上最早出现的彩陶文化之一也是在中国发现的，其发源地就是在黄河流域。这时的彩陶器形上比较规整，而且绘有简单的纹饰，如图4-1所示。距今约4000年左右是马家窑文化的一个辉煌时期，马家窑文化类型的陶瓷，表面都经过打磨处理，器表光滑匀称，以黑色单彩加以装饰。这时的陶器还局限于盛物器皿。

陶瓷给人的印象总是十分脆弱、不透明的。任何一个陶瓷器具，掉在地上，就会“粉身碎骨”。如果你现在仍这么认为，那你就错

图 4-1　陶器

了。到了现代，陶瓷也打破了传统，在科学家们的不懈努力下赋予了陶瓷各种各样的超能力。目前，人们习惯上将新型陶瓷分成两大类，即功能陶瓷和结构陶瓷。将具有热功能、机械功能、部分化学功能的陶瓷归为结构陶瓷，而将具有光、磁、电、化学和生物特性，且具有相互转换功能的陶瓷归为功能陶瓷。新型陶瓷大多数不仅仅具备单一的功能，因此很难确切地给以划分和分类。有的陶瓷能忍受上千摄氏度的高温而不受伤，还有具有智慧、有感觉的陶瓷等，它们可以用来制造加工金属用的切削工具、防弹盔甲、人造骨骼、陶瓷刀和关节等。现在还有透明的陶瓷，或许它就在你的身边，比如你看到的灯泡，如图 4-2 所示，或许它就不是用玻璃而是用透明陶瓷制造的了，感到不可思议吧。

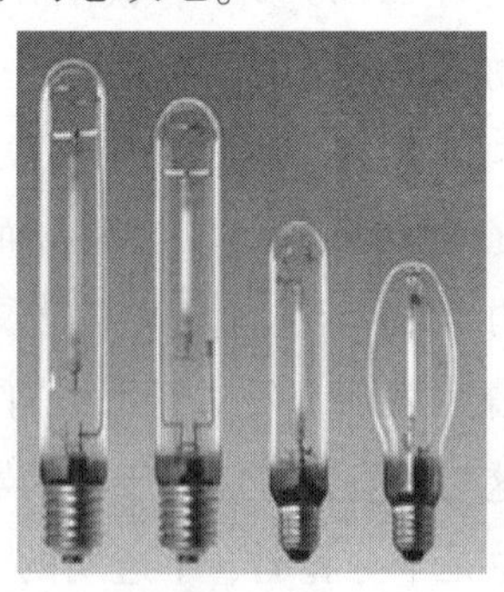

图 4-2　透明陶瓷制作的灯泡

4.1.2 普通陶瓷

1. 仰韶文化彩陶

仰韶文化距今大约5000年，它以黄土高原为中心，遍及山西、河南、河北、甘肃、陕西、宁夏等地。仰韶文化的主要特征是彩陶的图案绚丽、线条流畅，因此仰韶文化又享有“彩陶文化”的美誉。在当时它既是生活用具，又是精美的工艺品。古朴而优美的仰韶彩陶在我国装饰艺术史和美术史上是一朵永不凋谢的玫瑰，堪称中华民族文化的瑰宝。

仰韶文化的制陶工艺在当时已经相当成熟。器物精美规整，多为夹砂红陶和细泥红陶，黑陶和灰陶较为少见。其装饰主要是彩绘，就是在器物上绘制彩色的花纹，主要反映了当时人类艺术创作的聪明才智和生活内容。最为著名的是双耳尖底瓶，线条匀称流畅，极具艺术美感。

2. 马家窑文化

马家窑文化是黄河上游新石器时期晚期文化，因最早在马家窑遗址发现而得名，马家窑文化距今约4000~5000年。马家窑文化中制陶业可以说是非常发达，它继承了仰韶文化爽朗的风格，但又更上一层楼，在表现上更为精细，形成了典雅而又绚丽的艺术风格，艺术成就可以说达到了登峰造极的地步。双耳彩陶罐就是马家窑文化的代表作，如图4-3所示。

3. 白陶

白陶顾名思义就是颜色为白色的陶器，如图4-4所示。白陶出现在新石器时代中期，商代后期发展到顶峰。白陶其实是表里和胎质都呈白色的一种素胎陶器。起初白陶大多数都是手制的，慢慢也逐步采用泥条盘制和轮制。商代晚期是白陶器高度发展的时期，这个时期的白陶制作相当精致，胎质细腻而纯净洁白，器表多刻有夔

图 4-3　双耳彩陶罐

纹、饕餮纹、曲折纹、云雷纹等精美图案，是仿制当时青铜礼器的一种极其珍贵的工艺品，器形多为生活用品，如觶、卣、壶、罍、簋等。其装饰方法有浅浮雕和刻纹两种。

图 4-4　白陶

白陶的装饰大多数遍布器物全身，构图严谨而且富于变化。白陶器因其造型美观、质地坚硬、做工考究而成为奴隶主贵族们的专有物品。商代后期的白陶制作过程更加精细，白陶的精品大多集中于这个时期。为什么说白陶是向瓷器的飞跃呢？这是因为白陶各方面的性能和以往的陶器相比有了很大的提高，已经非常接近瓷器。

4. 玲珑瓷

听到玲珑瓷这个名字是不是就感觉这种瓷器就有一种迷人的韵味。玲珑瓷是古代汉族陶瓷艺术的瑰宝，如图 4-5 所示。为什么叫玲珑瓷呢？“玲珑”在古代的本义是灵巧、明彻、剔透的意思，而玲珑瓷是在瓷器坯体上通过镂雕工艺，雕镂出许多的“玲珑眼”，烧成后这些洞眼都成为半透明的亮孔，十分美观，被称为“卡玻璃的瓷器”，所以以玲珑称这种瓷器是非常确切的。

玲珑瓷有着很悠久的历史，是景德镇的四大传统名瓷之一。大多数玲珑瓷配有青花图案，因此又叫青花玲珑瓷。这种瓷器不仅有镂雕艺术性，又有青花特色，既呈古朴本色，又显得清新。玲珑瓷集高超的烧造技艺和精湛的雕刻艺术于一身，充分体现了古代劳动人民的艺术创造力和聪明才智。

图 4-5　玲珑瓷

5. 中国陶瓷珍品“唐三彩”

“九秋风露越窑开，夺得千峰翠色来”。大家千万不能被唐三彩的名字迷惑，认为它只有三种颜色。如果你那么认为，那你就大错特错了。因为它始烧于唐代，釉色又以三彩为主，所以大家就叫它“唐三彩”，如图4-6所示。实际上，唐三彩并非只有三种釉色，而是多种色彩，例如褐、黄、白、绿、红、蓝、黑釉彩等。在中国古代，“三”有多的意思，因此有学者认为“三彩”即多彩之意。

图4-6 唐三彩

作为中国古代陶瓷烧制工艺的珍品，唐三彩的全名是唐代三彩釉陶器，是盛行于唐代的一种低温釉陶器。唐朝是人们公认的古代封建社会最鼎盛的时期之一。盛唐气象虽经过岁月的流逝，但是依然光彩照人，她博大而辉煌，宏富而深沉。唐代不仅仅是拥有文化的灿烂星空，还拥有堪称世界一流的科技工艺制造水平。唐三彩完美地反映了大唐气魄，将陶塑艺术推向了一个新的高峰，无论是施彩、造型，还是制作都到达了一个相当的高度，盛行久远。

在如今的国际市场上，唐三彩已成为极其珍贵的艺术品，被誉为“东方艺术瑰宝”。唐三彩大马、骆驼等曾作为国礼，赠送给 50 多个国家的政府首脑和元首。

6. 不可不知的五大名窑

讲到中国的陶瓷，就不得不讲家喻户晓的宋代五大名窑。中国陶瓷工艺发展到宋代的时候，已经达到了炉火纯青的成熟阶段，并且在艺术上取得了空前绝后的成就。宋代五大名窑分别为：钧窑、汝窑、官窑、定窑、哥窑。中国五大名窑正式开辟了烧制的观赏器皿和实用器皿的“瓷器”时代。实际上，在宋朝以前烧制的实用器皿与观赏器皿大多数都是陶器，所以说，五大名窑代表着真正意义上的瓷器时代的到来。

作为宋代著名瓷窑之一的钧窑，它发端于东汉，是汉族传统制瓷工艺中的珍品，被称为瑰宝、国宝。窑址位于河南省禹州市城内的八卦洞。享有“黄金有价钧无价!”“纵有家财万贯不如钧瓷一片!”的美誉。

汝窑因产于汝州而得名，汝瓷是北宋时期瓷器主要代表。自宋初便有了汝窑的烧制，北宋晚期更是其鼎盛时期。汝瓷文化是宋代文化的一个重要组成部分，它以其造型秀美、工艺精湛、釉面蕴润、高雅素净的丰韵而独具风采，在我国青瓷发展史上具有划时代的重要意义。汝窑主要生产青瓷，鉴别汝窑瓷器的重要依据是“釉色天青色”“蟹爪纹”“香灰色胎”“芝麻挣钉”等。

南宋宋高宗时期一些窑口专门为宫廷烧制的瓷器，在当时俗称官窑。官窑瓷器主要沿袭北宋风格，宫廷气势，规整对称，一丝不苟，高雅大气。不过官窑瓷器手感有点沉重，这主要是因为胎土含铁量极高，呈深黑褐色，被人们称为“紫口铁足”。釉面沉重幽亮，釉厚如堆脂，温润如玉。釉面多层反复细刮，釉光下沉而不刺眼，纹理布局规则有致，造型庄重大方。由于南宋在中国历史上持续时间不长，所以官窑的传世作品并不多；但是官窑对我国的陶瓷历史有着深远的影响。

定窑是宋代北方的著名瓷窑。你知道定窑名字的来历吗？定窑窑址位于河北曲阳涧磁村，该地区唐宋时期属定州管辖，故名定窑。定窑始烧于晚唐，盛行于北宋，元朝时逐渐衰落。定窑又细分“黑定”“紫定”和“绿定”。定窑瓷器以其丰富多彩的纹样装饰而深受人们的喜爱。装饰技法主要是白釉刻花、白釉印花、白釉划花，还有白釉剔花和金彩描花等。印花以花卉为主，也有龙凤、鸳鸯、狮子等动物图案，讲究对称，画面严谨。定窑在我国陶瓷史和世界的陶瓷发展史上留下了辉煌的一页。

哥窑瓷器如图 4-7 所示，哥窑瓷器在陶瓷史上有举足轻重的地位。其胎色主要有黑色、黄褐色等多种，其釉大多数为失透的乳浊釉，釉色以炒米黄为主。釉面常见缩釉和棕眼，大小纹片相结合，经染色后小纹片为黄褐色，大纹片呈深褐色，也称“金丝铁线”“叶脉纹”“墨纹梅花片”“文武片”等。这也是哥窑的主要特征之一。器形有各式瓶、炉、洗、碗、盆、尊、碟等。

图 4-7　哥窑瓷器

纵观中国陶瓷史，五大名窑如雷贯耳，其珍品以极高的艺术成就闻名于世。

7. 青花瓷

“素胚勾勒出青花笔锋浓转淡，瓶身描绘的牡丹一如你初妆。”提起青花瓷，人们都知道它是景德镇四大传统名瓷之一。青花瓷又叫白地青花瓷，常常简称青花，是我国陶瓷烧制工艺的珍品，也是我国瓷器的主流品种之一。青花瓷可分为唐青花、宋青花、元青花、明清青花，从名字就可以看出来这是按时间分类的。青花瓷属釉下彩瓷，在陶瓷坯体上描绘纹饰，再罩上一层透明釉，经高温一次烧成。原始的青花瓷始于唐宋，成熟的青花瓷则出现在元代景德镇的湖田窑，明代青花更是成为瓷器的主流，康熙时期发展到了最顶峰。明清时期，还创烧了青花五彩、豆青釉青花、青花红彩、黄地青花、孔雀绿釉青花、哥釉青花等衍生品种。

8. 珐琅彩

珐琅彩是清代釉上彩瓷中最为精美的彩瓷器。珐琅彩瓷的正式名称应为“瓷胎画珐琅”，是国外传入的一种装饰技法。乾隆珐琅彩瓷是清代康雍乾三代珐琅彩瓷中最精美的巅峰之作，其代表作是具有古典美的乾隆仕女游园罐，如图 4-8 所示。至今，即使是乾隆仕女游园罐的各种复制品，仍然受到陶瓷爱好者的广泛喜爱和收藏。

图 4-8　乾隆仕女游园罐

珐琅彩瓷器中的景泰蓝具有鲜明的民族风格和绚丽的艺术风采，在世界珐琅工艺中也是独树一帜。珐琅彩瓷器秉承了我国陶瓷历史发展以来的各种优点，从各个方面上来讲，其技艺几乎都是十分精湛的。

4.1.3 现代陶瓷

1. 高温陶瓷

高温陶瓷是一类非常重要的高温结构材料。在高温陶瓷复合材料家族中，ZrB-SiC 和 HfB-SiC 基超高温陶瓷复合材料具有优异的综合性能，可以在 2000℃以上的氧化环境中长时间使用。这些特殊的性能使得它们成为高超音速飞行、航天和火箭推进等恶劣环境下使用的最有前景的材料。

高温陶瓷可以用来制作航天飞机的“陶瓷外衣”。我们都知道，当航天飞机高速返回地球时，外壳与大气层摩擦会产生特别高的温度，如果没有防护措施，航天飞机就会被烧毁。1981 年 4 月美国发射的航天飞机“哥伦比亚号”外壳上共铺贴了三万多块耐高温陶瓷，把它覆盖得天衣无缝，尽管航天飞机表面温度达到 1000℃以上，但是宇航员和仪器却能安然无恙。

2. 韧性陶瓷

韧性陶瓷是摔不碎的陶瓷，为什么它摔不碎呢？首先，科学家们从改善内部结构着手。经高温炼制成的陶瓷有两种晶体：立方晶体和四方晶体。当受到外力作用时，四方晶体就会变成一种单斜晶体，体积迅速“膨胀”。体积的急速增大，可阻止陶瓷中的细微裂纹的扩展，陶瓷就不会破裂了。其次，科学家们将纤维均匀地分布于陶瓷的原料中，用来提高陶瓷的韧性，打个比方，就像我们在石灰中加入纸筋。纤维与陶瓷体结合在一起后，陶瓷的韧性大大增加。即使陶瓷出现了细微裂纹，纤维也能将它们紧紧拉住，使裂纹不能进一步扩展。第三，科学家们在改善陶瓷表面方面下了很大功夫。通常来说，陶瓷的断裂都从表面开始，因此改善陶瓷表面犹如为防止陶瓷的破碎设下了一道屏障。韧性陶瓷再也不是那种碰不得、摔不起的“瓷娃娃”了，即使把它丢在水泥地上也能毫无损伤。

3. 生物陶瓷

生物陶瓷被认为是“人命关天的材料”，因为它关系到人的健康和生命。生物陶瓷作为医学材料，它与金属材料、高分子材料相比具有生物相容性好的优点，因而受到医学界的重视。人们问老年人身体的健康程度常说“身子骨是否硬朗”，由此可以看出骨骼对人是多么的重要。然而，当人遭受疾病的折磨需要更换骨骼时，往往陷入了苦恼，因为我们很难找到理想的替代材料，由于科学技术的发展，生物陶瓷逐渐成为一个作为替代材料的非常活跃的研究课题。生物陶瓷不仅仅是临床医学应用的一类重要材料，而且是高技术新材料研究的一个十分重要领域。

在临床医学应用上，生物陶瓷可以用于修复或替换人体器官或组织，是用于制造人体“骨骼-肌肉”系统的一种陶瓷材料。生物陶瓷性能特殊，它和人体组织具有很好的相容性，即用生物陶瓷制成的人体“零件”，在植入人体后，不会引起人体不适应和组织的发炎。生物陶瓷是一种能够使人延年益寿的材料，因此生物陶瓷被认为是“人命关天的材料”。

新型生物陶瓷材料不断出现，并应用于临床医学。生物陶瓷的应用范围也正逐步扩大，现可应用于人工骨、人工关节、骨充填材料、骨置换材料、人工齿根、骨结合材料、还可应用于人造心脏瓣膜、人工血管、人工气管、人工肌腱，经皮引线可应用于体内医学监测等。

通过不断的研究开发，生物陶瓷更多的优良性能将被开发并应用。生物陶瓷有着很大的研究空间和广阔的发展前景，但就总体而言还处于起步阶段，具有可观的潜在市场。

4. 超导陶瓷

在大家的传统观念里，金属是电的优良导体，而陶瓷是绝缘体，电流不能通过陶瓷传导。其实，陶瓷与金属都有电阻，只不过陶瓷的电阻要比金属的电阻大得多罢了。不过，在科学家的努力下也赋予了陶瓷一个神奇的能力，那就是超导能力。

利用材料的超导电性可制作磁体，应用于电动机、磁悬浮运输工具、受控热核反应、高能粒子加速器、储能等；可制作电力电缆，用于大容量输电。我国研制的高温超导磁悬浮列车速度已可达500km/h。

5. 压电陶瓷

对于能量转换，大多数人都很容易理解。例如，电动机带动水泵把水抽到山坡的梯田上，是把电能转化为重力势能；电灯把电能转化为光能和热能；大坝下的水轮机带动发电机发电，是把机械能转化为电能……但是，你是否知道，有一种压电陶瓷，它能使机械能和电能互相转换。你能想象利用这一特性它能为我们做什么有益的事情的吗？

压电陶瓷是一种先进功能陶瓷，它具有压电效应。压电点火装置内，通常设置一块压电陶瓷，当按下点火装置时，传动装置就会把压力施加在压电陶瓷上，从而使它产生电压，进而放电。这样，燃气就被点燃了，人们常说的压电效应就是指压电陶瓷的这种功能。

压电陶瓷的用途十分广泛。近年来，市面上出售的一种新式的电子打火机，有一部分是利用压电陶瓷的压电效应制成的。只要用大拇指轻轻压一下这种电子打火机上的按钮，压电陶瓷立马就会产生高电压，形成火花放电，从而点燃燃气，让打火机喷出火焰来。

当压电陶瓷把机械能转换成电能放电时，陶瓷本身是不会消耗和磨损的，可以长久使用下去。因此，压电打火机具有特别长的寿命。一把压电陶瓷打火机可使用 30 万次以上。如果以每天使用 30 次计算，大约可以使用 30 年。

另外，通过压电效应，也可以把机械振动转换为电信号，可用来制造蜂鸣器、扬声器、超声波接收探头等，其中大家互相赠送的电子音乐贺卡就是利用这种原理的实例。通过压电效应，还可以将电信号转换为机械振动，可用于制造超声波发射仪、录像机、压电扬声器、超声波清洗剂。听了压电陶瓷的应用，是不是被它的强大所震撼？压电陶瓷应用范围还在不断扩大，前景不可估量。

6. 透明陶瓷

人们通常都认为陶瓷是不透明的。下面就介绍一种颠覆传统的陶瓷——透明陶瓷。经过科学家长期的研究，已经研发出一种能透光的先进陶瓷。

透明陶瓷的发现还是出于一次意外。20 世纪 50 年代的某一天，在一个狭小的实验室里有位陶瓷专家和他的助手们为研制透明陶瓷而辛勤地工作着。当一位年轻的助手从炉内取出一片烧制好的样品时，一不小心，那一小片陶瓷样品正好落在一本翻开的书上。就在小助手为自己的粗心大意懊恼时，神奇的一幕出现了：透过陶瓷样品，可以清晰地看到书上的文字。这时，就连以博学严谨而著称的陶瓷专家也抑制不住内心的激动心情，经过仔细检查，这片陶瓷样品完全符合透明陶瓷的要求，世界上第一片透光陶瓷诞生了！

在日常生活中，人们十分需要有一种能自动调光的眼镜。这种眼镜在遇到强光时能自动迅速变暗，当强光消失后，又能回复到原来的状态。现在，陶瓷护目镜实现了人们的梦想。墨镜家族中新添的这位成员，为需要在强光下工作的人们带来了福音。现在透光陶瓷的用途特别广泛，它的踪影在日常生活中随处可见。

7. 陶瓷刀

刀具材料的进步对人类发展的文明史有重要的影响。大家看到的刀具通常都是用金属制作的，喜欢看武侠小说的同学想必都听说过削铁如泥的宝刀宝剑吧。今天我就给大家介绍一种新的制造刀具的材料——陶瓷。它是真正的削铁如泥的“宝刀”，让我们一起去了解一下为什么它能削铁如泥。

作为现代高科技的产物，陶瓷刀号称“贵族刀”。由于它采用高科技纳米氧化锆为原料，因此又叫“锆宝石刀”，它的高雅和名贵可见一斑。陶瓷刀的硬度仅次于世界上最硬的物质——钻石，在正常使用的情况下永远都不需要磨刀。

陶瓷刀用于现代厨房，具有金属刀无法比拟的优点。陶瓷刀可耐各种酸碱有机物的腐蚀，无金属离子溶出，不会生锈变色，健康环保，便于清洗，并且不与食物发生任何反应，能保持食品的原色、原味，减少细菌滋生的机会。

8. 金属陶瓷

提到陶瓷，大家非常熟悉。怎么还有金属陶瓷呢？金属陶瓷又是怎么诞生的呢？科学家们将金属与陶瓷“联姻”，诞生出的“孩子”就是金属陶瓷。金属陶瓷就是金属与陶瓷的“杂交种”，它继承了金属与陶瓷的优秀基因。既有金属的优点，又有陶瓷一样耐高温、耐腐蚀的特点。其实金属陶瓷的制作并不复杂。在碳化钴中加入一些金属镍，在氧化铝中加入一些金属铬，就可以制成金属陶瓷。

人类在征服茫茫太空过程中，航天飞机穿越大气层时与空气摩擦，会产生几千摄氏度的高温，不要说一般钢材受不了这样的“待遇”，就是金属钨也无能为力。这时这种“发汗材料”就展现了它的“神通”。金属陶瓷“出汗”后，就会带走了大量的热量，使飞行器温度降低，不至于被高温烧毁。

9. 发光陶瓷

当我们走在夜晚城市的道路上的时候，大家有没有被霓虹灯的美丽所吸引，陶醉在霓虹灯的盛宴中呢？今天我们来了解一下霓虹灯里会发光的陶瓷。

发光陶瓷就是将稀土材料经高温高压激化处理而制成的一种高科技尖端材料。它发光的原理是什么呢？原来它可以吸收阳光或其他散射光，并把吸收的光能储存起来，到了夜晚就会发出强光，并且发光性能可重复再现，这种陶瓷能维持发光效果长达15年，使万物永享一片光明，是不是很神奇？发光陶瓷还可以掺入油漆或树脂中制成涂料，用于夜间室内外各种低度照明，装饰照明。

发光陶瓷可以用于建筑物的装饰设计中，如霓虹装饰、装饰画、夜光瓷砖等，还可用于各种钟表、夜光石膏天花板、顶棚、仪器、仪表的指示盘和指针，或制作精美的夜光工艺品、夜光雕塑、夜明珠、大型壁画等。

4.2　玻璃

4.2.1　玻璃发展历程

1. 玻璃的出现

19世纪20年代，一群考古学家克服重重阻碍进入了古埃及统治者图坦卡蒙的陵墓。在琳琅满目、风格奇异的陪葬品中，考古学家们惊奇地发现了一枚绚丽的甲虫型玻璃胸针，这不仅让史学家们惊异于古埃及的瑰丽精致的艺术文化，也为科学家们进一步揭开了玻璃历史的神秘面纱。

1291年的意大利已经具备了极其发达和普遍的玻璃制造工艺。玻璃制品带来的源源不断的钱财使得许多意大利人发现了崭新的商业领域，于是便有人提出将全意大利的玻璃工匠集中在一个地方，秘密研制玻璃而不被外界所知，因此，便出现了与世隔绝的神秘穆拉诺“玻璃之岛”。

尽管玻璃在意大利传播甚广，但是由于种种技术难题，早期意大利能够生产的玻璃制品均为小型玻璃。1688 年，“纳夫技术”的出现彻底改变了意大利玻璃工业格局。一名叫纳夫的玻璃工匠率先发明了制造大块板玻璃的工艺。由于在制作这种大块玻璃时需要将熔化的玻璃液体在平板工作台上进行冷却加工，因此制成的大块玻璃在当时也被称为“平板玻璃”。这种可得到大规模产出的制造工艺使得玻璃物品更加贴合了人们的生活，更多的玻璃制品开始被用于门窗、橱窗等领域。可是，由于平板玻璃工艺的制造时间较长，制造成本较高，玻璃的价格仍然十分昂贵。

2. 神秘的穆拉诺玻璃艺术

在意大利威尼斯以北大约 1.6km 的威尼塔潟湖上，一个个错落的小岛错落有致，小岛间由桥梁连接，形同一岛，这就是被称为“玻璃之岛”的穆拉诺岛屿。在 14 世纪中期，各种华美精致的玻璃装饰品和耐用的玻璃器皿均产自这里，量大又优质的玻璃在整个西欧成为贵族身份的象征（见图 4-9）。

图 4-9　穆拉诺的传统玻璃工艺品

20 世纪中叶，艺术家维托里奥·泽钦（Vittorio Zecchin）的出现使得穆拉诺的整个玻璃制造业格局发生了颠覆性变化。在传统的穆拉诺手工制造业领域，师傅是整个产品制作流程的核心角色，而作为灵感与创新点来源的设计师处境就极为尴尬，师傅与设计师的争吵时有发生。维托里奥因此提出在整个制造流程中，由设计师设计产品蓝图，由师傅负责实际生产。这不仅避免了争吵与冲突的产生，也给了师傅许多的空间进行玻璃产品的最终修改。在维托里奥的推动下，穆拉诺玻璃制造工业的生产流程、艺术风格均发生了很大的变化，但也使得穆拉诺延续下了至今为止依然复古、简谱、精致的玻璃艺术特色（见图 4-10）。

图 4-10　独有的穆拉诺玻璃艺术特色

今天的穆拉诺岛，是创意与技术的天堂，这里已经形成了许多与玻璃相关的行会。在这里，所有的艺术创作都与玻璃紧密相关，玻璃被灵巧的手工工匠们赋予了鲜活的生命力，成为举世闻名的瑰宝。玻璃制造工艺也更加精湛，其中，在玻璃材料中加入金属成分，可使某些玻璃制品不易破碎，即使不小心掉在地上，也会完好无损。如今的穆拉诺岛开始大力发展自己的旅游服务业，热情地欢迎世界各国前来参观的旅客。人们来穆拉诺游玩可以欣赏到许多顶级玻璃作坊的现场吹制玻璃表演。

3. 中国玻璃工艺的历史长廊

1964 年，河南洛阳的一座西周遗址古墓中发现到了大量的银色珠粒（见图 4-11）。1975 年，成百上千的玻璃管、玻璃珠在陕西宝鸡茹家庄弓鱼伯墓中被发现。经过分析，这些文物也均源于西周中期。经过科学界的各类分析鉴定，这些玻璃体为铅钡玻璃，与西方的钠钙玻璃相比它又有着极大的不同，因此它们分属两个不同的玻璃系统。通过大量实验研究发现，铅钡玻璃的烧成温度较低，虽然这种原料可以制成颜色鲜艳璀璨的玻璃，但它的玻璃成品透明度较差，易碎，不耐高温，无法自如地适应环境温度变化。因此，早期的玻璃制品只作为各种装饰礼品或是陪葬品而进行生产，与玉石器、陶瓷、青铜相比，玻璃制造技术并不成熟，用途较窄。因此，当各项性能均较好的"钠钙玻璃"传入我国时，立刻引起了人们的极大赞叹，古时的人们从这种更加透明和优质的物质上看到了艺术与美，便很难想到这两种玻璃为同一种物质了。而这一事实也说明，我国古代的玻璃最早并非由外国的传入才出现，而是通过特定的工艺，利用特有的原料，自己独立研发制造出来的，我国是世界上最早发明和使用玻璃的国家之一。

图 4-11　古代玻璃珠

新中国成立后，我国最早开始全面大规模投身于玻璃产业是从 1952 年 11 月国家重工业部召开全国水泥、玻璃技术会议开始的。经过几十年的发展，我国玻璃生产工艺水平已达到世界前列。随着 1971 年 9 月中国第一条浮法玻璃试验线在河南洛玻建成投产，我国也由于玻璃生产工艺革新而成为世界三大浮法玻璃工艺技术之一——“洛阳浮法玻璃工艺”技术的诞生地。40 多年来，浮法玻璃生产工艺为我国平板玻璃工业的发展和振兴做出了重要贡献，成为我国重要的玻璃生产基地之一。

4.2.2　玻璃的特点

1. 玻璃是什么

狭义上的玻璃指的是在从熔融态冷却的过程中不发生结晶的无机非金属物质。我们知道，根据物质自身的结构特点可将固体物质分为晶体、非晶体和准晶体三类。晶体与非晶体的内部原子排列的差异如图 4-12 所示。晶体的结构较为规律有序，组成晶体的原子在三维空间呈周期性规律排列，因此科学家们常用晶胞来描述晶体的

a)

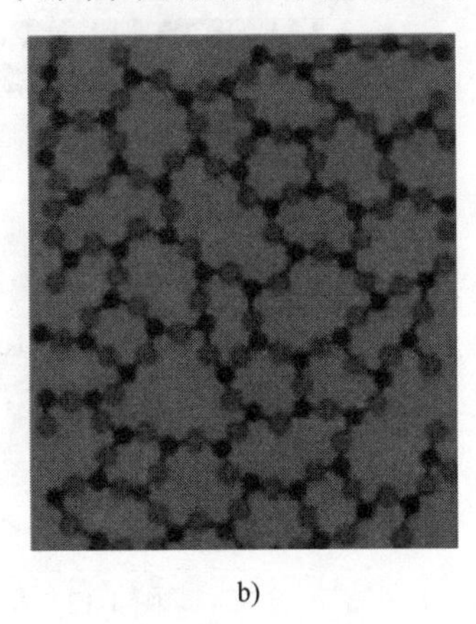

b)

图 4-12　晶体与非晶体原子排列差异

a）晶体原子排列　b）非晶体原子排列

微观对称性。对于非晶体物质来说，其蕴含的原子不像晶体那样排列的井然有序，非晶体中的原子仅仅在很小的范围内表现出有序化，这种结构与液体是相似的。此外，非晶体在热力学上属于不稳定的亚稳相，它有着向晶体转变的倾向，因为晶体物质是最稳定的物质状态。随着科技的进步，准晶体物质的发现推动了人们对于物质结构的新认识，准晶体物质在结构上取向有序而平移无序，至今为止只在若干急冷合金中发现此类准晶体材料。由于玻璃冷却时不发生结晶，因此它属于上述三类中的非晶物质。

当某种材料显示出典型的经典玻璃所具有的各种特征性质时，不管其组成如何都可称为玻璃，这就是玻璃的广义定义，其中经典玻璃的意义是指具有玻璃态转变温度。所谓玻璃态转变温度是指玻璃态物质在玻璃态和高弹态之间相互转化的温度，当玻璃处于高弹态时便成了类似液体的软态材料（见图 4-13）。玻璃是没有固定熔点的，只有从玻璃态转变温度到软化温度连续变化的温度范围，即玻璃的熔融态与玻璃态之间的转变是在一定温度范围内完成的。具有玻璃态转变温度的非晶态无机非金属材料都是玻璃。

图 4-13　类似液体的软态玻璃

20 世纪 50 年代时，布里斯托尔大学的查尔斯·弗兰克（Charles

Frank）曾预言：玻璃物质中的原子由于聚集构成二十面体，会导致玻璃在冷却时的结晶过程受到阻碍。而他们在实验中就使用较大的胶体微粒来模拟原子，并使用较高倍数的显微镜进行物质观察，这样他们可以清晰地观察到微观原子的真实运动情况。最后他们发现，这些粒子形成的凝胶的确构成了二十面体结构，这使得它根本无法形成结晶，印证了查尔斯·弗兰克的预言，也解释了为什么玻璃是“玻璃”而不是固体。尽管玻璃呈液态时十分黏稠（见图 4-14），但也不是严格意义上的液体。

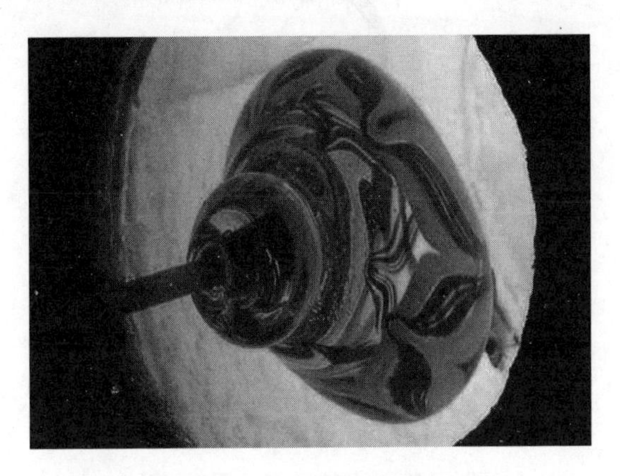

图 4-14　工业生产中的液态玻璃

2. 五彩斑斓的玻璃世界

作为日常生活的必需品，玻璃已经渗透进了生活的方方面面。我们享受着玻璃器具为生活带来的许多方便，也欣赏着玻璃制品各种各样的形状与色彩，更欣赏着它“发自内心”的纯洁剔透。杜旟在《摸鱼儿》中这样描写湖泊：“望两岸群峰，倒浸玻璃影。”

金属物质虽然是不透明的，但是它特有的光泽也传递着简约大气的现代感。然而你是否想过，玻璃为什么是透明的，而金属又为什么不透明呢？俗话说“看似寻常最奇崛，成如容易却艰辛”，这个问题看似简单，实则与物质的本质结构深深联系着，想要解答它，需要着眼于电子层面的问题。

组成物质的原子是由原子核和电子构成的，原子很稳定，是核心，而电子却十分活泼（见图4-15），电子对光子有着独特的“吸引力”，它可以吸收光子从而增加自己的能量，为了释放出自己能量提高的这份“兴奋与喜悦”，它会从原子核周围的低能量轨道跳跃到高能量轨道。而关键的是，光子一旦被这个物质吸收，那么这个物质就不再透明了。

图4-15　电子在原子核周围运动

由于可见光具有1.8～3.1eV的能量，而在作为绝缘体的玻璃结构中，能隙实在是太大了，因此对于玻璃来说，光子的能量不足以支撑电子完成它的“兴奋又喜悦的一跳”，电子很难吸收到光子，或者说它吸收到的光子太少了，光子大都穿过了玻璃结构的原子，而这就使得玻璃表现出了透明的性质。

对于金属来说，电子跃迁主要发生在费米能级附近很小的能量范围内，而金属的费米能级处在能带之中，因此光子可以大量地被电子吸收而无法像玻璃那样穿透金属原子，因此，金属也不像玻璃那样表现出透明的性质。

在弄清这个问题之后，我们又会有另一个疑问，为什么玻璃光泽十分微弱，而金属光泽那么强，比如钢笔的笔头总是闪着亮丽的光泽。

其实我们看到的材料表面存在的光泽是“反射光”。从经典物理的角度来分析，当可见光照射到物体上时，会在材料内部结构中产生电场振荡，而材料内部的电子便会随着这种外部强加的振荡而振荡，电子的相互振荡便导致了“反射光”的产生，而材料对电子也是具有束缚作用的，我们看到的材料表面光泽的强弱就是由这种束缚能力的强弱所决定的。

玻璃物质中，电子无法自由地振荡，它被材料本身的结构限制在一个极为有限的区域内振荡，因此，对于频繁变化的电场振荡，电子显得十分“力不从心”，这也使得玻璃发出的反射光较为微弱，大部分光都透散出去，光泽十分微弱。而金属中电子比较自由，与玻璃中的电子相比，金属中的电子轻易就能跟上电磁振荡的步伐，使得金属表面具有较强的光谱反射因数，表现出耀眼而华丽的反射光泽。

经过长期的摸索与实践，人们发现如果向普通玻璃配料中加入着色剂，可以使玻璃具有较为明显的颜色，这个着色剂的含量范围一般是0.4%～0.7%。人们大多使用金属氧化物作为玻璃的着色剂，这是因为各个金属元素均有它自己的“光谱特征”，因此向玻璃配料中加入这些金属氧化物便可以带来丰富多彩的颜色。例如加入氧化铬，玻璃呈现绿色；加入二氧化锰，玻璃呈现紫色；加入氧化钴，玻璃呈现蓝色，炼钢工人和电焊工人用的保护眼镜就是用这种玻璃制成的。

3. 有机玻璃与“人造亚克力”

有机玻璃有着“塑料水晶皇后”的别称，其外观造型十分美丽，经抛光加工后更是具有水晶般的晶莹光泽。通常，有机玻璃只是一种通俗的名称，实际上有机玻璃是一种高分子透明材料。英文上有机玻璃被称为 perspex，这是一个化学上的专业名词，专指有机材料的聚甲基丙烯酸树脂，而有机玻璃就是由甲基丙烯酸树脂通过化学上的聚合反应得到的。

谈及有机玻璃的发现，要追溯到 1927 年。这一年，德国罗姆-哈斯公司的化学家为了制造安全领域的防破碎玻璃而进行了一系列的科学研究。他们在两块玻璃板之间将丙烯酸酯加热，丙烯酸酯发生聚合反应，生成了黏性的橡胶状夹层。当他们用同样的方法使甲基丙烯酸甲酯聚合时，便得到了透明度既好，又可有效防碎的有机玻璃板，这便是今天的有机玻璃雏形（见图 4-16）。

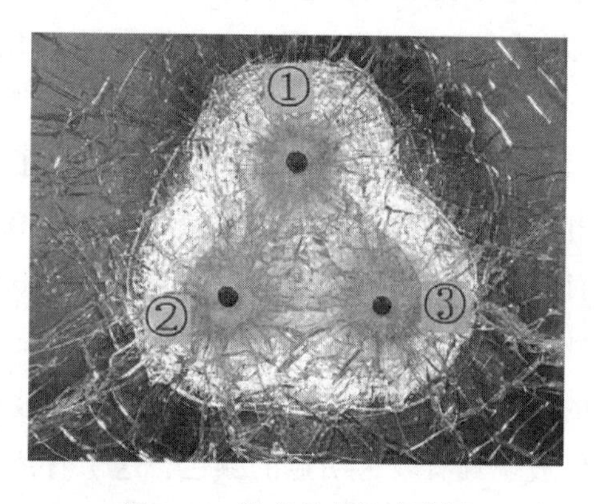

图 4-16　防碎的有机玻璃板

罗姆-哈斯公司从有机玻璃的各项优良性能上看到了其广阔的发展前景，于是便在 1931 年建厂生产聚甲基丙烯酸甲酯。这种玻璃首先在飞机工业领域得到应用，主要用作飞机座舱罩和风窗玻璃，将传统的赛璐珞塑料取而代之。

4.2.3　玻璃的应用

1. 走近玻璃大家庭

玻璃作为一种生活工具在我们生活中的作用不容小觑。对于成形后的玻璃工具，我们常将其分为平板玻璃和特种玻璃两大类。

普通平板玻璃可以说是玻璃大家庭的开山祖师级人物，由于平板玻璃制造工艺相对简单，且形状简单实用，因此也是最早被研制出来并应用到人们日常生活中的。

相较于普通平板玻璃，特种玻璃则种类较多，且各种玻璃均有其突出的特点，我们选择其中较常用、较典型的玻璃材质来讲述。

（1）钢化玻璃　钢化玻璃又称强化玻璃。与普通平板玻璃的制作工艺不同，它是利用加热到一定温度后迅速冷却的方法，或是化学方法进行特殊处理的玻璃。顾名思义，钢化玻璃如同钢一样有着较高的强度，其抗弯曲强度、耐冲击强度比普通平板玻璃高 3～5 倍，常被应用于安全工程领域作为保护工具。在日常生活中主要用于门窗、间隔墙和橱柜门等。我们现在常用的智能手机，其屏幕贴膜也大都以钢化玻璃膜作为主要保护膜（见图 4-17）。

图 4-17　手机钢化玻璃膜

（2）彩绘玻璃　彩绘玻璃，顾名思义，我们可以想象到它拥有着绚烂多彩的表面。这是目前家居装修中较多运用的一种装饰玻璃。在制作过程中，先用一种特制的胶绘制出各种图案，然后再用铅油描摹出分隔线，最后再用特制的胶状颜料在图案上着色。彩绘玻璃的图案大都丰富亮丽，装修设计师们通过恰当地在居室中使用彩绘玻璃，能较自如地创造出一种赏心悦目的和谐氛围，增添浪漫迷人的现代情调（见图4-18）。

图4-18 美丽的彩绘玻璃

（3）真空玻璃 真空玻璃是一种双层的玻璃，两层玻璃之间被抽成了真空状态，这使得真空玻璃具有其他玻璃无法超越的高热阻特点。真空玻璃做成的窗户具有很高的实用性。酷暑，室外高温无法“钻”入室内；严冬，房内的暖气不会逸出，称得上是抵御炎暑、寒冷侵袭的“忠诚卫士”。

（4）压花玻璃 我们将带有花纹的玻璃称为压花玻璃、滚花玻璃（见图4-19）。它其实是用采用压延方法制造的一种平板玻璃，特殊花纹的产生是由于用于压制的压头带有固定的花纹。压花玻璃的理化性能基本与普通透明平板玻璃相同，仅在光学上具有透光不透明的特点，可使光线柔和，并具有隐私的屏护作用和一定的装饰效果。压花玻璃广泛用于建筑的室内间隔、卫生间门窗及需要透光又需要阻断视线的各种场合。

图 4-19　典型的压花玻璃

（5）夹层玻璃　夹层玻璃又称夹胶玻璃，这种玻璃虽然不能严格意义上算作有机玻璃，但由于两块玻璃之间夹进一层高分子材料 PVB 中间膜，使得玻璃即使碎裂，碎片也会被粘在薄膜上，同时其保持了破碎的玻璃表面仍然平滑完整，这就有效防止了碎片扎伤和穿透坠落事件的发生，确保了人身安全。由于夹层玻璃的优良特点，在欧美，大部分建筑玻璃都采用夹层玻璃，这不仅是为了避免伤害事故，还因为夹层玻璃有极好的抗震入侵能力。中间膜能抵御锤子、劈柴刀等凶器的连续攻击，甚至还能在相当长时间内抵御子弹穿透，其安全防范程度可谓极高。

2. 坚毅稳重的建筑玻璃

随着科技的进步、时代的发展，建筑玻璃的功能也越来越多，同时建筑玻璃也有更多的品种。建筑玻璃具有表面晶莹光洁、透光、隔声、保温、耐磨、耐气候变化、材质稳定等优点。这种种优点使得建筑玻璃成为现代众多建筑材料中“坚毅沉稳”的中流砥柱，扮演着不可缺少的核心型角色。

一般来说，按使用范围将建筑玻璃分为平板玻璃、安全玻璃两大种类。

（1）窗用平板玻璃　窗用平板玻璃，简称玻璃，实际上就是未经研磨加工的平板玻璃。主要用于建筑物的门窗、墙面、室外装饰等，起着透光、隔热、隔声、挡风和防护的作用，也可用于商店柜台、橱窗及一些交通工具（汽车、轮船等）的门窗等。窗用平板玻璃看似极为普通，但其实它也是分“贫贱优劣”的，而厚度便是衡量它优劣的重要指标。常用的窗用平板玻璃厚度有2mm、3mm、4mm、5mm、6mm五种，其中2～3mm厚的常用于民用建筑，而4～6mm厚的则主要用于工业及高层建筑。

（2）磨光玻璃　磨光玻璃，又称镜面玻璃、白片玻璃，实际是经磨光抛光后的平板玻璃。分单面磨光和双面磨光两种。磨光玻璃表面平整光滑且有光泽，从任何方向透视或反射景物都不发生变形，其厚度一般为5～6mm，尺寸可根据需要制作。常用以安装大型高级门窗、橱窗或制镜。

（3）磨砂玻璃　磨砂玻璃，又称毛玻璃，这是改变了普通平板玻璃的“容貌”而得到的一种玻璃。是用机械喷砂、手工研磨等方法，将普通平板玻璃表面处理为均匀毛面而成的。磨砂玻璃表面粗糙，使光线产生漫反射，具有透光不透视的特点，还可以使室内光线柔和，所以常常被用于卫生间、浴室、厕所、办公室、走廊等场所。

（4）有色玻璃　有色玻璃也称彩色玻璃，分透明和不透明两种。这种玻璃具有耐腐蚀、抗冲刷、易清洗等优点，并可拼成各种图案和花纹。适用于门窗、内外墙面及对光有特殊要求的采光部位。与它相似的彩绘玻璃也是一种用途广泛的高档装饰玻璃产品。随着现代科技的发展，通过屏幕彩绘技术能将原画逼真地复制到玻璃上，它不受玻璃厚度、规格大小的限制，可在平板玻璃上制作出各种透明度的色调和图案，而且彩绘涂膜附着力强，耐久性好，可擦洗，易清洁。彩绘玻璃可用于家庭、写字楼、商场及娱乐场所的门窗、内外幕墙等，可以利用其不同的图案和画面来达到发挥高雅艺术情调的装饰效果。

（5）光栅玻璃　随着现代全息投影技术的飞速发展，光栅玻璃的出现也应运而生。这是一种以玻璃为基材，经激光表面微刻处理形成的激光装饰材料。应用现代高新技术，采用激光全息变光原理，使普通玻璃在白光条件下显现出多彩逼真的三维立体图像。这种玻璃常用于家居及公共设施和文化娱乐场所的大厅、内外墙面、门面招牌、广告牌、顶棚、屏风、门窗等美化装饰，然而由于技术成本较高，其应用也并未得到普及。

建筑玻璃中的安全玻璃可以说是玻璃大家庭中的“保镖”。与普通玻璃脆弱的“性格”截然不同，这是一种即便经剧烈振动或撞击也很难破碎，即便破碎也不易伤人的“坚强的”玻璃。这种高强度玻璃的出现对主体玻璃结构的现代建筑具有特别重要的意义。而属于安全玻璃的贴膜玻璃作为一种高新技术，已被纳入国家“十一五”推广项目。现已可以生产出的安全玻璃包括钢化玻璃、夹层玻璃、夹丝玻璃、防盗玻璃等，而防盗玻璃可以说是夹层玻璃的特殊品种，一般采用钢化玻璃、特厚玻璃、增强有机玻璃、磨光夹丝玻璃等以树脂胶胶合而成的多层复合玻璃，并在中间夹层嵌入导线和敏感探测元件等接通报警装置。

3. 婀娜多姿的装饰玻璃

实际上，建筑范围本身就包括了室内装饰及装修，因此，大部分的建筑玻璃也都可以用来作为装饰玻璃。然而，随着人们的生活品味逐渐提高，现代玻璃技师们设计出来各种高雅精美的装饰玻璃越来越多地“飞入寻常百姓家”，这使得那些具有极高艺术设计感的装饰玻璃与只用于简单粗糙房屋结构的建筑玻璃形成了强烈的对比。

（1）彩釉钢化玻璃　将玻璃釉料通过特殊工艺印刷在玻璃表面，然后经烘干、钢化处理而成，彩色釉料可以永久性地固定在玻璃表面上。尽管这种玻璃看起来十分精美华丽（见图4-20），但是它也有一颗意志坚定的“内心”。彩釉钢化玻璃十分耐腐蚀，色彩美丽且永不褪色，安全性也较强。另外，这种玻璃也有反射和不可透视等特性。

图4-20　彩釉钢化玻璃

（2）雕刻玻璃　雕刻玻璃（见图4-21）分为人工雕刻和计算机雕刻两种。其中人工雕刻便是精湛手工艺的完美体现，雕刻师们利用娴熟刀法的深浅和转折配合，雕刻出的图案生动形象，给人以“千呼万唤始出来”的视觉体验。雕刻玻璃是家居装修中很有品位的一种装饰玻璃，所绘图案一般都具有个性“创意”，这也可以表现出居室主人的情趣和追求所在。

图4-21　雕刻玻璃

（3）视飘玻璃　视飘玻璃也是利用人眼视角的变化来营造艺术感的玻璃。毋庸置疑，视飘玻璃是高新科技的产物，是装饰玻璃在静止和无动感方面的一个大突破。顾名思义，它是在没有任何外力的情况下，本身的图案色彩随着观察者视角的改变而发生飘动，即随人的视线移动而带来玻璃图案的变化、色彩的改变，形成一种独特的视飘效果。这也真正做到了“横看成岭侧成峰，远近高低各不同”的欣赏视觉，居室平添一种神秘的动感。

（4）变色玻璃　随着科技的进步，许许多多、各式各样的变色玻璃也随着人们的好奇与渴望呼之而出，例如光致变色玻璃、聪敏彩色玻璃、激光玻璃等。

1）与有色玻璃不同，光致变色玻璃的颜色不再那样“死板”，它可以达到自动调节室内光线的效果。这种玻璃中加入了少量的卤化银化学物质，或在玻璃与有机夹层中加入钼和钨的感光化合物，使其具备了光致变色的效果。这种玻璃主要用于要求避免眩光和需要自动调节光照强度的建筑物门窗。

2）聪敏彩色玻璃是根据所处环境的变化来改变颜色的。这种玻璃在空气中出现某些化学物质时会改变颜色，这使它在环境监视、医学诊断以及家居装饰等方面能发挥重要的作用。美国加利福尼亚大学的科研人员研究一种制造玻璃用的溶液，在其中添加有高度选择性的酶或蛋白质，当出现某些化学物质时，添加剂便会改变颜色。聪敏彩色玻璃将变得越来越“聪敏”。

3）激光玻璃可以说将视飘玻璃和光致变色玻璃的特色融合在了一起。在玻璃或透明有机涤纶薄膜上涂敷一层感光层，利用激光刻划出任意的几何光栅或全息光栅，镀上铝（或银）再涂上保护漆，就制成了激光玻璃。由于制造成本较高，目前这种玻璃还只是装饰玻璃大家庭里的“新宠”。它在光线照射下能形成衍射的彩色光谱，而且随着光线的入射角或人眼观察角的改变而呈现出变幻多端的迷人图案。根据研究测试，这种玻璃的使用寿命可达50年。

（5）吸热玻璃　说到改变室内环境，那就不得不提到我们的“夏日小空调”吸热玻璃。这种装饰材料是在玻璃液中加入了有吸热性能的着色剂，或在玻璃表面喷镀具有吸热性的着色氧化物薄膜而制成的平板玻璃。吸热玻璃既能吸收70%以下的红外辐射能，又能保持良好的透光率，还能吸收部分可见光、紫外线，具有防眩光、防紫外线等作用。吸热玻璃适用于既需要采光又需要隔热之处，尤其是在炎热地区，用作需设置空调、避免眩光的大型公共建筑的门窗、幕墙、商品陈列窗，计算机房及火车、汽车、轮船的风挡玻璃，还可制成夹层、中空玻璃等制品。

（6）呼吸玻璃　你相信玻璃也可以像我们一样“呼吸”吗？不同于玛瑙可以看到许多细小的气泡，呼吸玻璃可以真正地进行呼吸，像生物一样具有呼吸作用。呼吸玻璃可以用来解除人们在房间内的压抑感。这种玻璃最早由日本、德国联合进行研究，经过多年的努力，一种能消除不舒适感的呼吸窗户应运而生。经测定，呼吸玻璃可以将房间内的温差调节到仅有0.5℃，这可以给我们的感官带来极佳的享受。不仅如此，呼吸玻璃也可以达到很可观的节能效果。

4. 鉴别手机钢化膜的学问

手机贴膜种类繁多，俗话说“好马配好鞍”，好手机当然配好的贴膜。人们最早研制的手机贴膜是从高清、耐磨的角度出发，普通透明膜、磨砂膜等一系列手机膜也应运而生。然而人们逐渐发现，传统的手机膜无法保证手机承受强烈的冲击与刮擦，经过多年的研究，2012年，美国率先将钢化玻璃技术运用到手机贴膜中，钢化玻璃贴膜就这样“千呼万唤始出来”了。

钢化手机膜直到2013年底才在我国广泛普及，到现在，各式各样的钢化玻璃膜已经层出不穷。钢化玻璃贴膜集耐磨防刮、防指纹、防爆等多功能于一身，多种突出优点的汇聚，使得它在受到人们万千宠爱的同时，自身价格也比普通手机保护膜高出不少。对于单价如此之高的手机贴膜来说，质量的好坏无疑就更显得至关重要了。

钢化玻璃贴膜可不像普通手机保护膜那样，只能拿眼镜布小心翼翼地擦一下。一片好的钢化玻璃膜，完全可以耐得住刀片、剪刀、钥匙等坚硬锋利物品的肆意“侵害”（见图 4-22）。若轻易就使表面出现划痕的话，这样的膜肯定是不过关的。

图 4-22　坚硬的钢化膜

然后，就是对于钢化膜是否防指纹的鉴别，很多人知道，直接手指按上去，如果膜上出现指纹，就是不防指纹的，如果没指纹就防护效果比较好。但是具体效果好与不好到什么程度，却很少有人知道该怎么去辨别。这里我给大家两个方法：滴水和写字！防指纹性好的钢化玻璃贴膜表面都是聚水的，滴几滴水在上面，水不会散开，摇晃的话，就像水银在地面上滚动一样，没有任何痕迹（见图 4-23）。另外一种方式就是用油笔在钢化膜上写字。如果钢化膜具有很好的防指纹性，那么想要写上东西是很困难的，即便有一丝书写的痕迹，随便一抹也就消失了。

对于钢化玻璃，防爆性是一个至关重要的特性，这不仅关系着这个手机保护膜能不能很好地保护手机，更关系着您的自身安全。

图 4-23　质量较好的钢化膜

大家都知道，玻璃碎屑很容易就会割伤人。一片合格的钢化玻璃贴膜，不能只因为它不易碎就说是合格的。我们知道任何东西都有损坏的可能，钢化玻璃尽管经过钢化处理，也难逃材料的这个“最终宿命”。一块优质的钢化玻璃贴膜，在碎裂过后，是不会出现任何碎屑的，只会有破裂的纹路而已。用敲击的方式去鉴别，其实是一种很不理智的做法。我们给手机贴保护性的膜也不是为了把手机当成锤子。应该说，通过击打可以说明一些问题，但不能说明全部问题，毕竟谁也不敢保证他能把力度完全控制在一个平衡点。众所周知，对于硬的东西来说，柔韧性越好，抗打击能力就越强，所以我们完全可以通过弯折等方式来进一步测试钢化膜的柔韧性。

手机保护膜买好了，“贴”其实也是个很讲究的问题。好的膜，总是很容易贴上去的。钢化玻璃膜不像普通手机保护膜那样，需要一定的技巧才能贴上去，其贴膜过程是完全可以做到“不求人”的。一片好的钢化玻璃贴膜，撕掉保护贴过后，放到手机上轻轻按一个点，钢化膜不用费力就能自己完全贴合上去，不留气泡。而且贴得很紧很严实，若是质量差的话，就会出这样那样的问题了。

5. 玻璃在建筑中的创新应用

这些年，玻璃在建筑中的使用变得很流行。玻璃经久耐用、用途多，不太容易受天气影响，这使得它成为优良的建筑材料。尽管完全被明亮的玻璃覆盖的高层办公楼并不少见，但下述建筑已经突破了建筑的界限，展示了玻璃建筑能发展到什么地步。

西班牙的 Selgas Cano 建筑师事务所将办公室直接搬进了大自然(见图4-24)，透明的玻璃墙体让员工们在工作时与自然为伴，而不是挣扎在城市压抑的钢筋森林中。这个标志性的玻璃胶囊建筑坐落在西班牙森林里。墙壁和顶棚全部由玻璃制成，能让员工体验大自然，一年四季保持与自然的深度共鸣。整个建筑由树木、植物、丙烯酸塑料、有机玻璃、木头、混凝土等材料建成，被周围茂密的树林包围，仿佛是放在地上的文具盒。建筑的室内空间轻松明亮，嫩绿的色彩与整个外部丛林环境融为一体，夜晚当内部橘黄色灯光亮起，建筑就像一座神秘的小帐篷漂浮在落满树叶的空地上。整个建筑一半埋入地下，所以人们的视线非常接近地平线，你会强烈地感觉到与大地的接近，另外建筑有一半的透明屋顶，人在其中会感觉自己仿佛变成了树林中的一只小动物。

图4-24　西班牙的 Selgas Cano 建筑师事务

纳尔逊-阿特金斯艺术博物馆位于美国堪萨斯城，这是一个建在罗马风格的背景中的方块式建筑。整个建筑完全由磨砂玻璃覆盖，因此，室内每个角落的光源都能将这座建筑点亮（见图 4-25）。

图 4-25　纳尔逊-阿特金斯艺术博物馆

罗浮宫金字塔位于巴黎罗浮宫的主庭院——拿破仑庭院，作为罗浮宫博物馆的主入口，由美籍华人建筑师贝聿铭设计，于 1989 年建成，已成为巴黎的城市地标。这是一个用玻璃和金属建造的巨大金字塔，周围环绕着三个较小的金字塔。建筑高 70ft（1ft = 0. 3048m），由 673 块玻璃构建而成。游客要进入必须先下到地下，然后回到罗浮宫主建筑。这个建筑因为无缝结合了现代和古典建筑风格而受到世界建筑领域的广泛赞扬（见图 4-26）。

图 4-26　罗浮宫金字塔

神奈川工科大学可以说是玻璃制品产生以来最伟大的作品之一。它的建立与典型的办公空间相去甚远，其极简又古怪的内部结构完美融入了童话般的风格，是新思想的完美催化剂。

4.2.4　玻璃的发展前景

1. 高性能玻璃纤维

玻璃纤维的历史最早可追溯到 20 世纪中叶。自玻璃问世以来，人们普遍认为玻璃是易碎品，这种观念直到 1887 年开始被动摇。英国物理学家弗农的石弓实验向人们展现了玻璃的强度。弗农通过发射粘有加热软化的玻璃的弩箭得到了一根长长的玻璃丝线。他发现这种丝线纤维极其坚固，甚至可以与钢绳的坚固与耐用程度相比肩，真正做到了“至柔反成坚，造化安可恒”。到 20 世纪中叶，人们使用“玻璃纤维”来定义这种丝线状的玻璃。通过缠绕一缕缕这样的玻璃丝线制成了这种新型的玻璃纤维材料。在日常生活中玻璃纤维四处可见（见图 4-27），如芯片电路板、服装、游艇等。这种新型玻璃材料也开始走进高端工业领域，如全球最大的商用飞机旗舰机型 A380 的机身即为铝和玻璃纤维复合制得，极大地提高了飞机机身表面的抗疲劳和抗损坏性能。

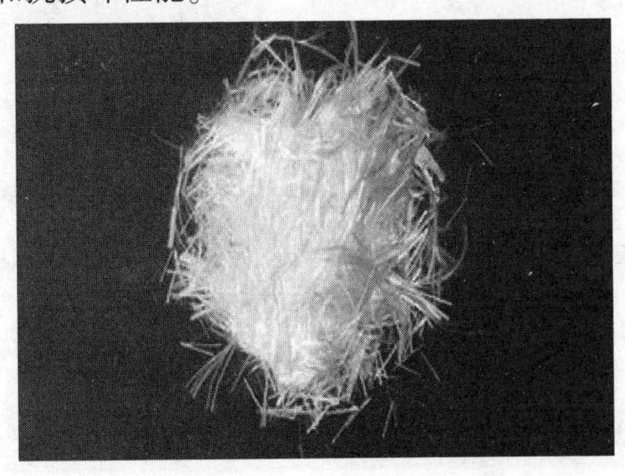

图 4-27　玻璃纤维

高性能玻璃纤维属于无机非金属新材料领域，为玻璃纤维行业中的高质量高性能产品。这种材料是以玻璃球或废旧玻璃为原料经一系列复杂的工艺制得的，可以说，这种物质就是由玻璃“进化”得到的。每个纤维单丝的直径为几微米到二十几微米，相当于一根头发丝的1/20～1/5，而每束纤维都是由数百根甚至上千根单丝组成的。可想而知，玻璃纤维的强度极高。另外，它的绝缘性、耐蚀性、耐热性都十分优良。因此，玻璃纤维通常用作复合材料中的增强材料。

2. 玻璃内雕工艺

纵览世界文艺发展史，雕刻本身就是一门十分古老的美学艺术。我国自古便有雕刻技术的记载，如“王冕始刻花乳石，文彭为祖源流长。壮豪飘逸标书画，悦目赏心看寸方。”便是描写我国古代的印章雕刻艺术。通过雕刻工艺，艺术家们创造出了立体空间中可视、可触的艺术形象。从古到今，我们看到的雕刻作品都是工匠们从原料的外部开始刻起，利用娴熟的手工技艺，慢慢打磨雕出所希望的形状。然而随着科技的进步，我们却可以像孙悟空一样利用激光技术“深入腹地”地雕刻玻璃艺术品（见图4-28）。

图4-28　美丽的玻璃内雕

实际上，激光雕刻技术的原理也是很简单易懂的。想要用激光来雕刻玻璃，就要使射出的光的能量密度大于一定的值，这样就可以破坏玻璃，而这个值也称为阈值。要知道，激光在某处的能量密度与它在该点光斑的大小有关，同一束激光，光斑越小的地方产生的能量密度越大。这样，当激光进入玻璃时，或激光到达加工区之前时，通过适当聚焦来调节激光的能量密度，使它低于阈值，就可以保证加工区域以外的地方完好无损。而当激光进入加工区域时，我们调节激光使其能量密度超过阈值，这样，激光就会在极短的时间内产生脉冲，这种脉冲的能量能够在瞬间使玻璃、水晶受热损坏，产生极小的白点。通过一点点这种损坏和白点的积累，玻璃内部就形成了想要雕刻的特定形状，而玻璃或水晶的其余部分则保持原样，完好无损。其实这也就是激光内雕辅助成像技术。随着这种技术的发展，彩色内雕技术的发展也指日可待（见图 4-29）。

图 4-29 彩色玻璃内雕

3. 玻璃钢复合材料

提起玻璃钢，人们总会在第一时间想到钢化玻璃。实际上，玻璃钢并不是钢化玻璃，甚至可以说它和钢化玻璃的区别简直是“十万八千里”。玻璃钢也可称为纤维强化塑料，是以树脂和玻璃纤维为原料加工而成的新型复合材料。

玻璃钢是可以替代部分金属和塑料的理想材料，不仅可以节约金属能源消耗，也可以减少因为不能降解而造成的塑料污染。在广大乡村，采用玻璃钢制成的防雨罩，使用性能上堪比塑料，使用寿命也大大增加。

玻璃钢制品可以说是近五十多年来发展最为迅速的一种复合材料。玻璃纤维产量的70%都是用来制造玻璃钢的。玻璃钢硬度高，比钢材轻得多。喷气式飞机上用它制作油箱和管道，可减轻飞机的重量。我国已广泛采用玻璃钢制造各种小型汽艇、救生艇、游艇，以及汽车等，节约了不少钢材。由于玻璃钢制品是一种复合材料，其性能的适应范围非常广泛，因此它的市场开发前景也十分广阔。

4. 玻璃陶瓷

玻璃陶瓷具有与玻璃不太相同的物质结构，它和我们常见的晶莹剔透的玻璃看起来也大不相同。我们知道，普通玻璃内部结构中的原子排列是没有规律的，而玻璃陶瓷的原子排列是有规律的，像陶瓷一样，由晶体组成。因此，玻璃陶瓷也被称为微晶玻璃。

玻璃陶瓷是一种刚刚开发的新型的建筑材料，在国外，这种材料也被称为玻璃水晶，它综合了玻璃和陶瓷的双重特性。通过将合适成分的玻璃颗粒烧结与晶化，便可以制成这种由结晶相和玻璃相组成的质地坚硬、密实均匀的复相材料。一般将用在建筑装饰上的微晶玻璃列入人造石。微晶技术和微晶材料可用在很多领域，作为建筑装饰材料的微晶石的生产采用矿渣、岩石（玄武岩、辉绿岩）、石英砂为基本原料。

微晶玻璃的颜色也是可以通过生产环节来改变的，在生产过程中添加金属氧化物便可使制造出的微晶玻璃具有各自颜色。作为一种新型的高级装饰装修材料，微晶玻璃具有天然石材所不具有的优点，比如质地紧密，强度高，耐磨性、耐蚀性好，易制作加工等，因此它在机械工程领域、电力工程及电子技术领域均有着广泛的应用。

通过对玻璃陶瓷制造工艺的控制，我们可以得到各种色彩、色调和图案的微晶玻璃蚀面材料（见图 4-30）。玻璃陶瓷的表面经过不同的加工处理又可产生不同的质感效果，通过改变玻璃陶瓷表面的质感和色泽可以极有效地满足设计者的要求。比如，抛光玻璃陶瓷具有十分洁净闪耀的表面，其光洁度远远高于天然石材，这种质感也给建筑物带来豪华高雅的艺术感。而毛光、亚光玻璃陶瓷由于表面光洁度较低，在装修装饰时也可充分利用，可给建筑物平添自然厚实的庄重感。

图 4-30　各种颜色的玻璃陶瓷

此外，玻璃陶瓷也是一种绿色环保的环保材料。由于它不含任何放射性物质，不像有些粗劣的陶瓷制品具有放射性。尽管抛光玻璃陶瓷能达到近似于玻璃的表面光洁度，但无论光线从任何角度照射，都可形成自然柔和的质感，有效避免了光污染问题。

4.3 水泥

4.3.1 水泥发展历程

1. 罗马万神殿

提及罗马宗教，那么罗马万神殿（见图4-31）是绝对不会缺席的。没有去过罗马万神殿这所矗立了近两千年的古罗马混凝土纪念碑的罗马之旅是不完整的。不论从建筑、美学还是工程学上的“成功”来衡量，万神殿都称得上是史上最伟大的建筑。日光、雨露和雪花穿过上帝之眼一般的天孔润泽地面，尽管穹顶上有数条粗犷的裂缝正蜿蜒前行，万神殿还是经受住了世世代代的风霜雨雪，这所跨越了时空长河却依然屹立不倒的罗马奇观至今仍令世人叹为观止。在那个相对比较落后的年代所建造的万神殿为什么能那么“长寿”呢？因为它的“底子好”，罗马人摒弃了泥土、木材等那个年代所常用的材料，而是创造性地使用了水泥拌制而成的混凝土来建造它。

图4-31　罗马万神殿

或许纯粹是靠运气，罗马人竟在一座天然水泥厂之上建造起了一座城市。研究表明，火山灰是二氧化硅和石灰的混合物，这是水泥的三种关键成分之二（第三种是水）。正所谓“无心插柳柳成荫”，罗马人意外地看到火山灰在坎皮佛莱格瑞周围的海水中硬化成为水泥，便发现了这种沙子的奇妙之处。随后他们改动这一自然过程，在其中又混入小块浮石——过热岩浆快速冷却时形成的多孔火山岩，就这样罗马混凝土诞生了。它是古代世界的标志性建筑材料，也是罗马万神殿长寿的秘诀。

2. “黑白无常”

“阴阳隔两界，黑白无常律”，对于阴间使者“黑白无常”我们都不陌生。然而，水泥界的“黑白无常”你知道吗？其实，它们就是黑水泥和白水泥。黑白无常在阴间相互帮助，协作共事，使得阴间一切事物井井有条。在我们的日常生活中，黑水泥和白水泥也是这样。“二人同心，其利断金”，正是它们相互协作，才构筑出我们生活的和谐大环境。那么问题来了，什么是黑水泥和白水泥？二者的区别又是什么呢？

黑水泥（见图 4-32）其实就是常用的普通硅酸盐水泥，因其与其他材料混合后强度较高，故多用于基础建筑。我们常见的实用而

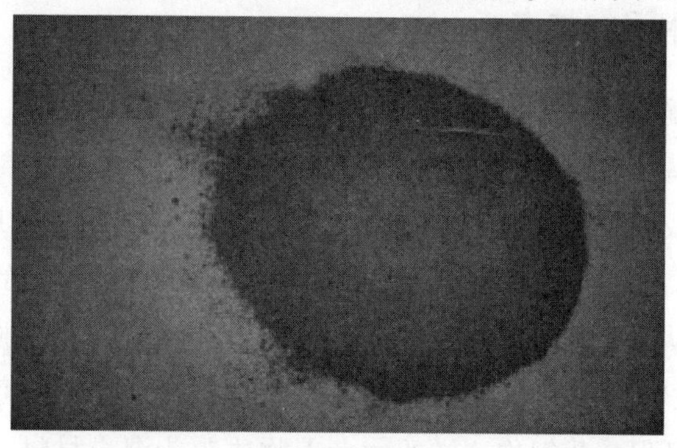

图 4-32　黑水泥

又宏伟的建筑，如道路桥梁等，都是得益于它的存在才能够矗立于世间。

白水泥（见图4-33）是白色硅酸盐水泥的简称，它以硅酸钙为主要成分，是将铁度含量极少的硅酸盐熟料经漂白处理，加入适量的石膏磨细制成的白色硬性胶凝内材料。白水泥因其强度不高，主要用于建筑装饰，其可以达到所有调色效果，更好地表现出建筑的外部个性，较好地帮助实现各种复杂工艺，并使水泥颜色与建筑材料融为一体。

图4-33　白水泥

4.3.2　水泥的特点

1. 硅酸盐水泥

波兰特水泥，又称硅酸盐水泥，是以硅酸钙为主，掺入0～5%的石灰石或粒化高炉矿渣、适量石膏磨细制成的水硬性胶凝材料。“金无足赤，人无完人”，因此生活中当发现自身的不足的时候，我们会择善从之，不善改之。水泥也是这样，可以通过添加吸收一些“营养物质”来改善自身性能，增加水泥品种，这样还可以节省熟料，利于环保。我们称这样的“营养物质”为混合材料。根据掺加混合材料与否，将硅酸盐水泥分两种类型：不掺加混合材料的称为

Ⅰ型硅酸盐水泥，代号为P·Ⅰ；掺加不超过水泥质量5%的石灰石或粒化高炉矿渣混合材料的称为Ⅱ型硅酸盐水泥，代号为P·Ⅱ。

硅酸盐水泥早期强度较高，凝结硬化速度快，适用于快硬早强的工程，是高强度等级混凝土。较小的水化热一般有利于水泥的硬化，但“物极必反”的道理也同样适用于硅酸盐水泥。由于硅酸盐水泥的水化热较大，对于大体积工程来说，比如大坝，桥梁等，水化热来不及释放越积越多会造成膨胀开裂等毁灭性后果，因此其不适用于大体积混凝土工程。另外，由于硅酸盐水泥的耐冻性、耐热性、耐蚀性及耐水性较差，因此不适用于受化学侵蚀、压力水（软水）作用及海水侵蚀的工程。

普通硅酸盐水泥（简称普通水泥）是由硅酸盐水泥熟料、6%~15%混合材料、适量石膏磨细制成的，它与Ⅱ型硅酸盐水泥在成分上是相同的，但二者不同之处在于，前者的混合材料所占比例为6%~15%，而后者则为5%以下。表面看似失之毫厘，在性能和使用上却是差之千里。其早期抗压强度要比硅酸盐水泥早期抗压强度低，且早期强度略低而后期强度高，适用于地上、地下及水中的大部分混凝土结构工程。水化热略低，不过一般不适用于大体积混凝土。“没那金刚钻，不揽瓷器活！”尽管其抗冻性、抗炭化性、耐蚀性都较好，但是仍不适用于受化学侵蚀、压力水（软水）作用及海水侵蚀的工程。

2. 烈火重生的“弃儿”们

有些垃圾是放错地方的宝贝，很多时候我们之所以说它们是废品，只是因为它们暂时对我们没用，但只要用对地方，它们就会发光发亮，熠熠生辉。在我国工业发展过程中，每年都会有数以万吨的废弃物，对于发展来说是极大的浪费，而对于那些废弃物则不免有“我本将心照明月，奈何明月照沟渠”的慨叹。因此，从废弃物中找出那些会发光的“金子”循环利用，将会给我们社会的发展带来更大的产值利益，也将推动我国和谐社会的构建。虽说“千里马常有，而伯乐不常有”，但是千里马总会遇到伯乐的。其中许多“千里马”在水泥行业中得到了用武之地，那些在我们看来是废品的东西，却如金子般闪闪发光。

（1）矿渣硅酸盐水泥　凡由硅酸盐水泥熟料和粒化高炉矿渣、适量石膏磨细制成的水凝性胶凝材料称为矿渣硅酸盐水泥，简称矿渣水泥，代号为 P. S。而其中的粒化高炉矿渣是将高炉冶炼生铁时的熔融废弃物淬冷成粒后所得的。水泥中按质量分数计含粒化高炉矿渣 20% ~70%。根据福冈伸一在《动平衡》一书中所述：“乍一看并看不出有什么变化，实际上却它却如生命细胞般在不断活动并反复进行分解与再生，在改造自己。”粒化高炉矿渣作为活性混合材料，参与水泥水化过程，并伴随一定的物理化学反应，从而改善水泥性能。它只是有些“内敛”，甘愿默默地做水泥世界的一颗小小“螺丝钉”。

矿渣硅酸盐水泥凝结时间稳定，强度稳定，水化热低，耐水性和抗碳酸盐性能与硅酸盐水泥相近，且在淡水和硫酸盐中的稳定性优于硅酸盐水泥，耐热性较好，与钢筋的黏结力也很好。然而，凡事都有两面性，矿渣水泥抗大气性及抗冻性不及硅酸盐水泥，且工作性较差，泌水量大，所以不宜在冬天露天施工使用。因此在施工中要采取相应的措施：加强保潮养护，严格控制加水量，低温施工时采用保温养护等，也可以加入一些外加剂以提高矿渣水泥的早期强度。

在实际应用中，矿渣水泥可代替硅酸盐水泥广泛使用于地面及地下建筑，制造各种混凝土和钢筋混凝土制品构件。由于耐蚀性较好，可用于水工及海工建筑；由于水化热低，可用于大体积混凝土工程，如桥梁等；由于耐热性较好，可用于高温车间，温度达 300 ~ 400℃的热气体通道等。

（2）火山灰硅酸盐水泥　凡由硅酸盐水泥熟料和火山灰质混合材料及适量石膏磨细制成的水凝性胶凝材料称为火山灰质硅酸盐水泥，简称火山灰水泥，代号 P. P。水泥中火山灰质混合材料掺入量按质量分数计为 20% ~50% 。其中的火山灰质混合材料包括天然和人工两大类，但一般都是火山爆发喷发出的岩浆或者是工业加工产生的一些副产品。尽管他们的“出身”不好，但它们的作用却不容小觑。

火山灰水泥的强度发展较慢，尤其是早期强度较低，但它可不是真的弱，实则是在“韬光养晦”，其后期强度往往可以超过硅酸盐水泥。俗话说“人尽其才，物尽其用”，由于火山灰水泥的抗渗性和抗淡水溶析的能力较好，可用于具有抗渗要求的混凝土工程。火山灰水泥的水化热较硅酸盐水泥小，但其抗冻性、抗大气稳定性均较硅酸盐水泥差，干缩变形也较大。实际上，火山灰水泥的大部分用途与矿渣水泥相同。

（3）粉煤灰硅酸盐水泥　凡由硅酸盐水泥熟料和粉煤灰及适量石膏磨细制成的水凝性胶凝材料称为粉煤灰硅酸盐水泥，简称粉煤灰水泥，代号为 P. F。其中水泥中粉煤灰掺入量按质量分数分数计为 20% ~40% 。同矿渣硅酸盐水泥一样，这里的粉煤灰就是化腐朽为神奇的力量之源。粉煤灰又称飞灰，是发电厂从锅炉烟道气体中收集下来的灰渣。这原本化作一缕青烟，肆意掠过它所历经的每一个地方并带来极大环境污染的粉煤灰，如今摇身一变成为建筑行业的“香饽饽”。粉煤灰作为活性混合材料，参与水泥的中的物理化学反应，不但改善水泥的性能，还可降低成本，经济效益好。

粉煤灰硅酸盐水泥早期强度也较硅酸盐水泥低，但其后期强度往往可以赶上甚至超过硅酸盐水泥。粉煤灰水泥的干缩变形小、抗裂性好。此外，与一般掺混合材料的水泥相似，水化热低，耐蚀性较强，抗冻性也好于其他火山灰水泥。因此，粉煤灰水泥一般广泛应用于工业与民用建筑，尤其适用于大体积混凝土工程和水工、海工混凝土工程。应注意，粉煤灰水泥混凝土泌水较快，容易引起失水裂缝。因此，在施工过程中要采取相应的防护措施，以保证粉煤灰水泥混凝土强度的正常发展。

3. 特性水泥

大千世界，芸芸众生。每个人都在各自的岗位上尽职尽责，我们虽然对于其他岗位的东西有所了解，但毕竟有限，“术业有专攻”，各行各业总是有精通其理之人在不断努力着，推动着行业的发展。水泥的世界也是这样，前面所列出的水泥大都是一般常用的。然而它们的应用毕竟有限，对于某些领域里的应用还是需要一些“专攻者”——特性水泥。

（1）快硬水泥　凡是以适当成分的生料，烧至部分熔融，所得以硅酸钙为主要成分的硅酸盐水泥熟料，加入适量石膏，磨细制成早期强度增进率较高的水硬性胶凝材料，即为快硬硅酸盐水泥，简称快硬水泥，如图 4-34 所示。快硬水泥的早期增进强度是其他水泥望尘莫及的。你一定很好奇这种早期强度增进较快的水泥的玄机何在！石膏和三氧化硫含量便是是其中的奥妙。适量增加石膏含量是生产快硬水泥的重要措施之一，这样可以保证在水泥硬化之前形成

图 4-34　快硬水泥

足够的一种称为钙矾石的产物，它有利于水泥强度的发展。至于三氧化硫含量（质量分数）一般波动在3%～3.5%范围内，而不同于普通水泥的1.5%～2.5%。

（2）膨胀水泥　膨胀水泥是指在水化过程中，由于生成膨胀性水化产物，在硬化后体积不收缩或微膨胀的水泥。那么问题来了，膨胀性水泥产物是如何形成的呢？正如“君子善假于物”，在生产膨胀水泥的过程中往往会加入膨胀剂，从而使其在硬化过程中体积不但不收缩，而且有不同程度的膨胀。加入膨胀剂后的水泥就像“美羊羊”蜕变成了“灰太狼”，性能用途得到很大提升。在钢筋混凝土中应用膨胀水泥，能使混凝土免于产生内部微裂缝，提高混凝土的抗渗性。关于钢筋混凝土的知识，会在后边进行介绍。

（3）高铝水泥　高铝水泥是以铝矾土和石灰石为主要原料制成的水泥，又称矾土水泥。高铝水泥常为黄色或褐色，也有呈灰色的。高铝水泥的性能相对来说是很强大的，其早期强度增长很快，1天强度可达最高强度的80%以上，因此宜用于紧急抢修工程及早期强度要求高的特殊工程。其耐热性好，可制成耐热混凝土。另外，其抗硫酸盐侵蚀性强、耐酸性好，因此可用于对抗酸蚀性要求较高的工程。

（4）彩色水泥　彩色水泥是用白色水泥熟料、适量石膏和碱性矿物颜料共同磨细制成，或用少量金属氧化物颜料与水泥粉直接混合制成。所用原料要求不溶于水、分散性好、耐碱性强、抗大气稳定性好、不影响水泥的水化硬化、着色力强。彩色水泥（见图4-35）以其绚烂多姿的色彩冲击着我们的视觉。要自己好看，要建筑好看！彩色水泥主要用于建筑物内外表面的装饰，制作具有一定艺术效果的水磨石、人造大理石、彩色混凝土部件等。

（5）导电水泥　会导电的水泥你听说过吗？近年来，安全专家

图4-35　彩色水泥

不断强调电磁脉冲袭击的强大破坏力——可使电力系统一夜之间全部瘫痪，夺走成千上百万条生命，而电磁武器的威胁已不仅仅存在于科幻小说中。不过，科学家已经发明出能抵御这种“末日袭击”的特殊水泥材料。

导电水泥是在普通水泥中加入了磁铁矿，这种磁性矿石能够吸收脉冲微波，从而具有导电性。此外，水泥中还加入了碳和金属成分，不仅能增强电磁脉冲的吸收力，还能将其释放出去。这比传统的金属板防御技术有效得多，也便宜得多。这种水泥材料现在已经可以投入商业化生产，可增加军事、金融等重要建筑的安全系数。亚商集团使用这种材料建设位于佛罗里达州莱克兰地区的灾后复原中心，其建筑防御规格超过军事标准。

4.3.3　水泥的应用

1. 中流砥柱——钢筋混凝土

我们知道混凝土通过水合反应凝固从而得以成长，但在使用前和试用阶段有时会产生裂缝。当然，我们不会坐以待毙，往往会采取一些措施如预先冷却混凝土等来抑制混凝土的收缩。不过倘若“木已成舟”，我们就应当采取一些更好的措施来缩小已产生的裂缝的范围，那么恰当的配置钢筋就显得比较重要。

钢材和混凝土是两种建筑材料，混凝土材料与石材类似，具有很高的抗压强度，但其抗剪和抗弯强度很低。在制作梁等抗弯构件时，跨度往往会受到很大的限制。钢材的抗拉性能强非常好，然而其耐火性较差，且容易受到腐蚀。钢筋混凝土技术将这两种材料完美地结合起来，相互取长补短，弥补了双方的不足，具有很好的实用性。混凝土为钢材提供了一层保护层，其中的氢氧化钙 [$Ca(OH)_2$] 提供的碱性环境，能够在钢筋表面形成一层钝化保护膜，使得钢筋处于相对中性或碱性的环境，不容易被侵蚀。此外，混凝土还提高了钢材的耐火性能和构件的耐火极限。

钢筋混凝土（见图 4-36）结构因具有坚固稳定、防火性能好、建筑成本低与承受荷载力强等优点而被广泛应用于建筑工程中，具体来说用于基础建设、柱子的建设、梁的建设以及楼板的建设等多个方面。此外，基于钢筋混凝土技术的框架结构对于现代建筑的形成和发展也具有重要意义。由于框架结构的灵活性，古典建筑单一的结构形式、严谨的立面以及烦琐的装饰被彻底抛弃。随着钢筋混凝土力学价值以外的美学价值不断被发现，它不再躲藏在白色的粉刷之后，而是积极地向人们展示其自身的表现力。

图 4-36　钢筋混凝土

2. 大体积混凝土

我们常说“人如其名”，大体积混凝土正如其名，结构厚实，混凝土量大。相对来说，其工程条件复杂（一般都是地下现浇钢筋混凝土结构），施工技术要求高。大体积混凝土水泥水化热较大，预计温差超过25℃时易使结构物产生温度变形。大体积混凝土除了对最小断面和内外温度有一定的规定外，对平面尺寸也有一定限制。大体积混凝土与普通混凝土的区别从表面上看只是厚度不同，但正如“人不可貌相”，由于混凝土中水泥水化要产生热量，大体积混凝土内部的热量不如表面的热量散失得快，造成内外温差过大，其所产生的温度应力可能会使混凝土开裂，所以要采用不同的工艺。

因此，大体积混凝土施工时，一是要尽量减少水泥水化热，推迟放热高峰出现的时间。一般掺粉煤灰可替代部分水泥，既可降低水泥用量，又因为粉煤灰的水化反应较慢，可推迟放热高峰的出现时间。此外掺外加剂也可达到减少水泥、水的用量，推迟放热高峰的出现时间的目的。当夏季施工时，可采用冰水拌和、砂石料场遮阳、混凝土输送管道全程覆盖洒冷水等措施来降低混凝土的出机和入模温度。以上这些措施可减少混凝土硬化过程中的温度应力值。二是要进行保温保湿养护，养护时间不应少于14天，可避免混凝土产生贯穿性的有害裂缝。三是采用分层分段法浇筑混凝土，这样可以增加混凝土的密实度，提高抗裂能力，使上下两层混凝土在初凝前结合良好。四是做好测温工作，随时控制混凝土内的温度变化，及时调整保温及养护措施，使混凝土中心温度与表面温度的差值、混凝土表面与大气温度差值均不超过25℃。

3. 泡沫混凝土

泡沫混凝土（见图4-37）又名发泡混凝土，是将化学发泡剂或物理发泡剂发泡后加入到胶凝材料、掺合料、改性剂、卤水等制成的料浆中，经混合搅拌、浇注成型、自然养护所形成的一种含有大量封闭气孔的新型轻质多孔建筑材料。

图 4-37　泡沫混凝土

（1）泡沫混凝土的性能　性能决定用途，那就让我们来了解一下泡沫混凝土的性能：

1）轻质。泡沫混凝土的密度小，为了减轻建筑物的自重，进而减少建筑物对地基的压力，可在建筑物的内外墙体、屋面、楼面、立柱等建筑结构中采用此种材料，从而实现建筑物的高层化。此外，它还可以减少建筑物梁、柱的结构尺寸，节约材料和成本，具有显著的经济效益。

2）保温隔热性能好。泡沫混凝土中含有大量封闭的细小孔隙，所以具有良好的保温隔热性能。采用泡沫混凝土作为建筑物墙体及屋面材料，具有良好的节能效果。

3）隔音耐火性好。泡沫混凝土属多孔材料，是一种良好的隔音材料。在建筑物的楼层和高速公路的隔音板、地下建筑物的顶层等，均可采用该材料作为隔音层。此外，泡沫混凝土还是无机材料，不会燃烧，具有良好的耐火性，在建筑物中使用，可提高建筑物的防火性能。

4）抗震性能好。泡沫混凝土因密度小、重量轻、弹性模量低，所以在地震载荷作用下所承受的地震力小。此外震动波的传递速度也较慢，且结构的自震周期长，对冲击能量的吸收快，因而减震效果显著。

5）其他性能。泡沫混凝土在施工工程中可泵性好，这使其特别适用于大体积现场浇筑及地下采空区的填充浇筑工程。此外，泡沫混凝土还有防水能力强、可调节室内湿度、冲击能量吸收性能好、可大量利用工业废渣、价格低廉等优点。

（2）国内外泡沫混凝土的应用　国外对于泡沫混凝土的应用主要是在以下几个方面：

1）用作挡土墙。主要用作港口的岸墙。泡沫混凝土在岸墙后用作轻质回填材料可减少对岸墙的荷载，减少维修费用，从而节省很多开支，既经济又适用。此外，泡沫混凝土也可用来增进路堤边坡的稳定性，用它取代边坡的部分土壤，减轻重量，从而提高边坡的稳定性。

2）修建运动场和田径跑道。使用可渗性强的泡沫混凝土作为轻质基础，上面覆以砾石或人造草皮，作为运动场用。此类运动场可进行曲棍球、足球及网球活动等。在泡沫混凝土上盖上一层 0.05m 厚的多孔沥青及塑料层，则可作为田径跑道用。

3）用作夹芯构件。采用泡沫混凝土作为预制钢筋混凝土构件的内芯，可使其具有轻质、高强、隔热的良好性能。

4）管线回填。地下废弃的油柜、管线、污水管及其他容易导致火灾或塌方的空穴，用泡沫混凝土回填便可解决这些后患。

5）用作复合墙板。采用泡沫混凝土可制作成各种轻质板材，在框架结构中用作隔热填充墙体或与薄钢板制成复合墙板。

6）屋面边坡。泡沫混凝土用于屋面边坡，具有重量轻、施工速度快、价格低廉等优点。

7）贫混凝土填层。由于泡沫混凝土具有很大的工作度及适应性，可用于可弯曲的软管，用于贫混凝土填层。此外，泡沫混凝土也用于防火墙的绝缘填充、隔声楼面填充、隧道衬管回填以及供电、水管线的隔离等。

8）泡沫混凝土砌块。采用泡沫混凝土砌块作为墙体填充材料，可以大幅度减轻结构自重，从而减少桩的数量或桩孔直径，减少工程造价或增加建筑物的高度，有很好的应用前景。蒸压泡沫混凝土砖（见图4-38）是一种新型环保节能墙体材料，加工性能好，可钉钉、钻切打孔等。

图4-38 蒸压泡沫混凝土砖

9）泡沫混凝土轻质隔墙板。中国建筑材料科学研究院，开发出了粉煤灰泡沫水泥轻质墙板的生产技术，降低了生产成本，具有良好的技术、经济和环境效益。

10）泡沫混凝土补偿地基。建筑物的不均匀沉降会导致大量裂缝的产生，因此，现代建筑设计与施工越来越重视建筑物在施工过程中的自由沉降。由于建筑物群各部分自重的不同，在施工过程中将产生自由沉降差，在建筑物设计过程中要求在建筑物自重较低的部分其基础须填充软材料作为补偿地基使用，泡沫混凝土能较好地满足补偿地基材料的要求。

11）现浇屋面泡沫混凝土保温层。由于泡沫混凝土属于节能型保温材料，因此可用于屋面保温层。不过，由于泡沫混凝土具有良好的吸水及保水性能，易造成屋面渗漏，这也是有待解决的一个问题。

12）泡沫混凝土在回填灌浆中的应用。山西引黄工程连接段穿管回填灌浆中使用了泡沫混凝土，与普通混凝土相比，采用泡沫混凝土回填灌浆具有施工简便、回填速度快、回填充实度高、管道上浮力小、综合成本低等特点。

13）泡沫混凝土在地铁隧道减荷中的应用。通过应用可实现对地铁隧道减荷的作用，具有一定的工程意义。

我国正大力推广高效耐久建筑节能材料，泡沫混凝土以其良好的性能具有广阔的应用前景。我们应当不断研制出高效发泡剂、寻求更适用于制造泡沫混凝土的原材料。并且最好可以利用工业废料、优化工艺流程，从而在节能环保的道路上越走越远。

4. “刚柔并济”的纤维混凝土

纤维混凝土以普通混凝土为基体，掺入各种纤维材料制成。纤维在纤维混凝土中的主要作用，在于限制在外力作用下水泥基料中裂缝的扩展，提高混凝土的拉伸强度并降低其脆性。常用纤维包括玻璃纤维、钢纤维、碳纤维、植物纤维等。钢纤维混凝土成本高，施工难度也比较大，必须用在最应该用的工程上。现主要应用于重要的隧道、地铁、机场、高架路床、溢洪道以及防爆防震工程等。

由法国拉法基生产的 Ductal 是一种高性能纤维增强水泥基复合材料。相比于普通纤维增强混凝体具有更优异的抗弯韧性，它能够在过载情况下变形但不断裂。如图 4-39 所示，巴黎公交公司乘车中心是世界上第一个由拉法基生产的高性能混凝土 Ductal 包裹起来的建筑，建筑上覆盖的灰色混凝土片一直延伸到停车场，看起来像是从地面上生长起来一样。

图4-39　巴黎公交公司乘车中心

5. 耐火混凝土

耐火混凝土，又称耐热混凝土，是指在200～1300℃高温长期作用下，物理性能、力学性能不被破坏，且具有良好的耐急冷急热性能，在高温作用下干缩变形小的一种特殊混凝土。耐火混凝土已广泛地用于冶金、化工、石油、轻工和建材等工业的热工设备和长期受高温作用的构筑物。

可以通过向震实的混凝土里面添加聚丙烯（PP）纤维形成一种耐火的混凝土。当周围温度升高时，这些纤维开始融化然后在上面形成一个水渠网，这能防止内部水以蒸发的形式流失，从而产生防火耐火的能力。

6. 轻骨料混凝土

随着现代建筑向大跨、高层的发展，为缩小结构断面、减轻结构自重、提高保温隔热等性能，轻质、高强、多功能、耐久、抗灾、可持续发展的建筑材料已成为当今社会所需，而轻骨料混凝土因具备这些优点而成为仅次于普通混凝土的用量最大的一种新型混凝土。

轻骨料混凝土是指采用轻骨料的混凝土，其表观密度不大于

1900kg/m³。而其中的轻骨料一般由浮石、火山渣、陶粒、膨胀珍珠岩、膨胀矿渣、煤渣等配制成。轻骨料的来源既环保又符合可持续发展战略，特别是发展高强轻混凝土结构，扩大其应用范围，更具有现实意义。

轻骨料混凝土问世以来，在工程应用中表现出了很多优点：性能优良（在隔热保温、耐火、抗震、耐久抗冻、抗渗等方面均表现出较好的性能）、经济效益好、节能效果显著、施工适应性强和应用范围广等。现已在城市立交桥、高层建筑、大跨度桥梁及海工等建筑物中得到广泛应用，代表性的应用有南京长江大桥、山东黄河大桥等。

7. 防水混凝土

生活中我们很多时候都会遇到房屋漏水的情况，防水混凝土可以解决这一问题。防水混凝土是指以本身的密实性而具有一定防水能力的整体式混凝土。防水混凝土（见图4-40）具有高的抗渗性能，并达到防水要求。地下室的外墙和底板常受到土中水和地下水的浸渗，防潮防水问题是地下室设计中所要解决的一个重要问题。结构自防水混凝土是在普通混凝土内掺适量的UEA膨胀剂，外掺减水剂。这种混凝土无内、外防水层，本身就是防水层承重结构。

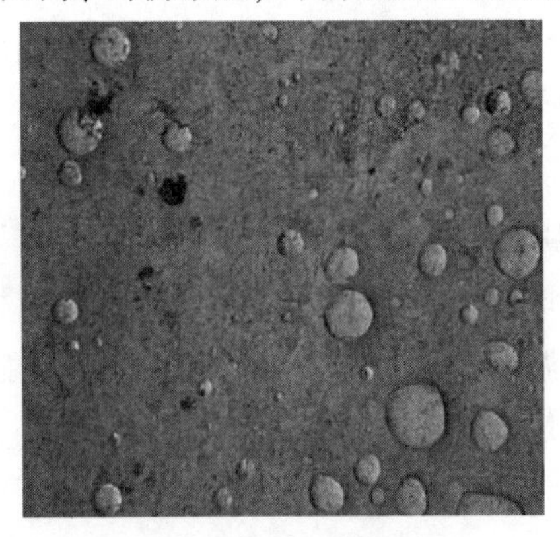

图4-40　防水混凝土

结构自防水混凝土是在普通混凝土配比基础上“双掺”外加剂而达到抗渗防水作用的。施工没有特殊技术要求，操作简便，改善了混凝土结构，提高了混凝土的密实性，同时提高了混凝土的各项力学性能和耐久性能。此外，由于取消了内外防水层，使混凝土每平方米防水面积降低了工程造价。同时从技术角度看，内外防水层治标不治本，而结构自防水混凝土治的是本，提高了防水的内在质量，是百年大计的问题，其社会效益是不可估量的。

8. 透水混凝土

现代城市的地表逐步被钢筋混凝土的房屋建筑和不透水的路面所覆盖，这的确方便了我们的出行。然而与自然的土壤相比，现代化地表也给城市带来一系列的问题，其主要表现为以下几个方面：

1）不透水的路面阻碍了雨水的下渗，使得雨水对地下水的补充被阻断，再加上地下水的过度抽取，城市地面极容易产生下沉。

2）传统的密实路表面，轮胎噪声大。车辆高速行驶过程中，轮胎滚进时会将空气压入轮胎和路面间，待轮胎滚过，空气又会迅速膨胀而发出噪声，雨天这种噪声尤为明显，影响居民的正常生活与工作。

3）传统城市路面为不透水结构，雨水通过路表排水管道排除。但毕竟泄流能力有限，当遇到大雨或暴雨时，雨水容易在路面汇集，导致路面大范围积水。

4）不透水路面使城市空气湿度降低，加速了城市热岛效应的形成。

5）不透水路面是“死亡性地面”，影响地面的生态系统。它使水生态无法正常循环，打破了城市生态系统的平衡，影响了植被的正常生长。

因此，透水混凝土便应运而生。你知道当前城市基础设施建设的热点是什么吗？有没有听说过“海绵城市”和“综合管廊”？

“渗、滞、蓄、净、用、排”是海绵城市遵循的六字方针，而其中海绵城市建设核心部件就是透水砖，此种透水砖就是由透水混凝土制造而成的。

透水混凝土又称多孔混凝土，透水地坪，其是由骨料、水泥和水拌制而成的一种多孔轻质混凝土，具有透气、透水和重量轻的特点，故也可称为无砂混凝土。其最初是由欧美、日本等国家针对原城市道路的路面缺陷而开发使用的一种能让雨水流入地下，有效补充地下水，缓解城市的地下水位急剧下降的一些城市环境问题解决材料。它可以有效地消除地面上的油类化合物等对环境污染的危害，同时是保护地下水、维护生态平衡、缓解城市热岛效应的优良的铺装材料。其对于人类生存环境的良性发展及城市雨水管理与水污染防治都具有特殊的意义。

透水砖如图 4-41 所示，其外表看起来和普通砖头无异，但在实际运用中却能像海绵一样，能渗水、会“呼吸”。我们知道，马路雨水收集的问题，传统的方法是使用井盖与雨水篦子。但是传统收集雨水的方式有一个致命缺陷就是“点式排水”，一旦遇到特大暴雨，排水不及时很容易让马路上产生积水。而如果使用透水砖就可以将

图 4-41　透水砖

整个人行道打造成透水路面，使得整个人行道都具有透水功能。这样就将传统的“点式排水”改为现代化的“面式排水”，从而大大增加了排水速度，减轻马路积水的压力。

目前这种材料已广泛应用于我们的实际生活中，杭州金衙庄公园建成首条树脂透水混凝土道路（见图 4-42），其防滑性能好，还能够起到很好的吸热降温作用，这种彩色铺装不仅增加了广场的美观度，对于预防雨洪也起到了非常关键的作用。

图 4-42　杭州金衙庄公园路面

不过透水混凝土的使用目前还主要是在人行道及自行车道、社区内地面装饰园林、景观道路及城市广场、游泳池旁边及体育场、社区消防通道及轻量级道路、高尔夫球场电车道及户外停车场等方面，而在高速或高荷载能力路面的应用较少，这是由于透水水泥混凝土为半脆性材料，含有较大尺寸的孔隙，在荷载的作用下，易于产生裂纹的扩展和破坏，从而导致路面开裂。你可能会想到利用钢筋来增大承载力，其实这个想法是很不错的，不过在透水水泥混凝土中使用钢筋容易产生锈蚀问题，所以其通常以素混凝土的形式出现。如果用于制备高速或高荷载能力的路面，会导致维护工作量大、服役寿命短、经济性差等缺点。不过，随着混凝土制备技术的发展，通过完善钢筋的保护措施以及使用纤维增韧等手段，透水水泥混凝土也必然会越来越多地应用于高速和高荷载能力路面的建造。

9. 创意材料——透光混凝土

透光的混凝土是由匈牙利建筑师阿伦·洛孔济（Áron Losonczi）发明，这种可透光的混凝土由大量的光学纤维和精致混凝土组合而成。通常做成预制砖或墙板的形式，离这种混凝土最近的物体可在墙板上显示出阴影。亮侧的阴影以鲜明的轮廓出现在暗侧上，呈现别致的光影效果，相当有情调。用透光混凝土做成的混凝土墙就好像是一幅银幕或一个扫描器，如图 4-43 所示，这种特殊效果使人觉得混凝土墙的厚度和重量都消失了。

图 4-43　透光混凝土隔墙

透光混凝土中光学纤维的含量为 4%，而混凝土能够透光的原因是混凝土两个平面之间的纤维是以矩阵的方式平行放置的。另外，由于光纤占的体积很小，混凝土的力学性能基本不受影响，完全可以用来做建筑材料，因而承重结构也能采用这种混凝土。如果用这种混凝土建房子，还可以改善屋内采光，节约照明用电量，很环保！

此外，这种透光混凝土具有不同的尺寸和绝热作用，能做成不同的纹理和色彩，在灯光下能够达到一定的艺术效果。用透光混凝土可制成园林建筑制品、装饰板材、装饰砌块和曲面波浪形建材，为建筑师的艺术想象与创作提供了实现可能性。除了透光率，半透明的混凝土与普通混凝土有基本相同的硬度和强度，因而现在也越来越多地被运用到各种建筑中，让建筑在白天和夜晚呈现不同的视觉效果。佐治亚州银行的新总部为室内设计照明的透光混凝土如图 4-44所示。

图 4-44　佐治亚州银行的透光混凝土

4.3.4　水泥的美感

沉重、浑厚、黑暗、呆板的混凝土，在生活中无处不在，却又常常被视而不见。似乎除了用来修房子，没人会爱它。然而，随着人们对美观、环保、时尚的追求，建筑设计师们也开始赋予混凝土以生命，让其变得轻盈、通透、美妙，甚至可移动。生硬冷淡的混凝土也迎来了自己的美丽春天。混凝土呈现的艺术魅力有粗有细，有刚有柔，它并非仅局限于一种朴实的震撼，也许它的精髓并不是人人都如设计师掌握得那样透彻，但是我们却不能否定它存在着精致与细腻的一面。

1. 素面朝天的艺术之美

现在随着极简风的流行，水泥混凝土改头换面，卷土重来。混凝土以其自身的肌理质感和精致的形体，可达到自然的装饰效果，使水泥制品具有独特的力量感、素洁感、极致纯粹等美学表现。

水泥、混凝土不仅可以浇筑城市森林，也可生发出花朵的柔美与冰雪的晶莹，从而改变城市建筑生态。混凝土的一些创意产品已经融入我们生活的方方面面，下面就让我们一起看看由混凝土制作的那些时尚、创意的产品吧！

（1）无缝式创意浴室　由巴塞罗那的 Art-Tic 设计工作室设计的概念浴室，采用了现代感和科技感十足的无缝设计，同时结合了周围的地板和墙壁元素，将各个用具与周围的地板和墙壁的结构元素融合。如混凝土制造的浴室水槽、马桶、浴缸等，与周围的地板和墙壁无缝融合，仿佛直接从地面被推出来的。

（2）创意石头咖啡机　如图 4-45 所示，咖啡机机身是由混凝土

图 4-45　混凝土咖啡机

制作，其余部位如顶部的咖啡豆进口、工作指示按钮、背后的注水口和机身上挖空的咖啡出口均使用不锈钢制成，两者形成强烈对比。想象一下，用它熬制出来的咖啡是不是别有一番风味滋味？

（3）混凝土垃圾桶　孟买的城市卫生状况很糟糕，主要是由于大部分的公民缺乏清洁意识。在公共地方放置的垃圾桶每过些时间就会不翼而飞，这令相关政府部门很是头疼。“穷则变，变则通”，于是孟买的设计师便精心设计出了这种“拿不走”的垃圾桶——混凝土垃圾桶。垃圾桶上还设置了可回收和不可回收垃圾的辨别标志，这样一来，不仅可以提高公民的清洁意识，还能达到美化城市环境的效果。

（4）混凝土创意挂钟　如图 4-46 所示，这款混凝土挂钟是不是很时尚？设计者采用了独特的参数模型预算法设计，打造出了别具一格的辐射状外观。然而最吸引人的是，随着光与影的交汇改变，混凝土挂钟会散发多样的视觉效果。

图 4-46　混凝土挂钟

（5）混凝土缝合座椅　德国设计师设计了一种“混凝土缝合座

椅”，其主要材质是水泥加玻璃纤维。柔软舒适的布料质感和硬邦邦的水泥融为一体，打造出一个时尚、环保、耐用、结构坚实、颜色和花纹多变、美观而具观赏性的生活座椅。

（6）混凝土环保U盘　生活中造型多变的U盘多为金属制作，混凝土U盘的出现不得不说是一个新突破。如图4-47所示，该U盘采用白色机身设计，带有很醒目的MAC字样。整个机身其实就是由三个M、A、C键组成，它们都是取自于废弃苹果笔记本（Mac Book）的键盘按键，该U盘代表了回收利用的环保主题。相信该造型也吸引了不少苹果迷，有没有想拥有的冲动？

图4-47　混凝土U盘

（7）盘子　混凝土盘子你用过吗？该创意参考了远古的石器时代，加以适量木材作为盘子的底座，整体外观像一个小桌子，上面有一个混凝土盘子。石盘的石质肌理和它自然的灰色，也为食品的亮丽增色不少。

2. 多彩世界

美丽皮肤“妆”出来，素面朝天的混凝土一旦“上妆”——彩色皮肤，绝对分分钟惊艳到你。而且，空间材料色彩处理得当可以增加空间的表现力，彰显空间的个性。商场地面的色彩，应衬托出商品的高品质而让顾客有购买的欲望。因此宜别致、自然、素朴，体现商场的独特。办公空间的色彩应具有轻松、舒适、愉快的特点。建筑入口的色彩一般受建筑功能的影响，艺术馆、会所、展厅的入口要表现的是一种稳重、大方的感觉，所以色彩一般都使用浅灰、灰等一些比较素雅的色调，宾馆、餐厅等建筑表达与人的亲和感，色彩会选用乳白、红、黄等一些温馨的色调。

第 5 章

有机非金属材料

5.1 塑料

5.1.1 塑料发展历程

塑料是以单体为原料，通过加聚或缩聚反应聚合而成的高分子化合物，是人类历史上第一种人工合成的高分子化合物，俗称塑料或树脂，可以自由改变成分及形体样式，由合成树脂及填料、增塑剂、稳定剂、润滑剂、色料等添加剂组成。

塑料的主要成分是树脂。树脂这一名词最初是由动植物分泌出的脂质而得名，如松香、虫胶等，树脂是指尚未和各种添加剂混合的高分子化合物。树脂约占塑料总质量的 40% ~100% 。塑料的基本性能主要决定于树脂的本性，但添加剂也起着重要作用。有些塑料基本上由合成树脂组成，不含或少含添加剂，如有机玻璃、聚苯乙烯等。

塑料具有可塑性强、硬度大、绝缘性强、重量轻等特点，因而被广泛用于家电产品、汽车、家具、包装用品、农用薄膜等许多方面。它不仅给人们生活带来了诸多便利，还极大地推动了工业的发展。在过去的 100 年里，塑料及其变体（如塑料贴面、聚氯乙烯、树脂玻璃、尼龙等）在人们的生活中发挥了十分重要的作用。我们的生活充斥着各种各样的塑料制品，信用卡、电脑、手机、汽车组件、收音机、电视机、照相机、钟表、水管、家具、衣服、箱柜等塑料制品随处可见，塑料已经进入了人们生活的方方面面。塑料也被人们称为是 100 个最伟大的发明之一。

塑料是一种新型材料，以前并不存在任何类似的物质，那时人们只使用陶瓷、玻璃、石头、木头、金属等材料。

5.1.2　通用塑料

人们将产量大、价格低、用途广、影响面宽的一些塑料品种习惯称为通用塑料。其内涵常随时代及科学技术的发展而有些变化。重要的通用塑料有聚乙烯、聚丙烯、聚氯乙烯、聚苯乙烯等品种。如图 5-1 所示是塑料制作的漂亮花卉。

图 5-1　塑料制作的漂亮花卉

技术创新能力的提升将推动通用塑料制造业的发展，科技创新和制度管理创新将大大激发市场活力。随着社会主义新农村建设和城市化进程的加快，对塑料管道、异型材、人造革、合成革等一系列塑料制品需求的快速增长将推动通用塑料的大发展。

1. 聚乙烯

“花非花，雾非雾。夜半来，天明去。来如春梦几多时？去似朝云无觅处。”诗人白居易在诗中所描述的这种朦胧美，给人们留下来很多想象的空间。在现代生活中要达到这种若即若离的效果，在很多方面是需要聚乙烯塑料来完成的。半透明聚乙烯胶片如图 5-2 所示。

图 5-2　半透明聚乙烯胶片

塑料袋是日常生活中常用的物品，人们收到快递，通常先做的第一件事就是拿起剪刀拆开外面的塑料袋包装；去超市，买回了一大堆东西，收银台付款，塑料袋一装，轻松拎回家；去洗衣店取送洗的衣服，洗衣店老板早在外面套上了一只大号塑料袋，一尘不染。

塑料袋的主要制作材料是聚乙烯塑料（PE）。聚乙烯具有极好的化学稳定性，防水、耐酸、耐碱、绝缘，并有较强的可塑性，这让它具备了多样的用途。聚乙烯 1939 年开始工业生产，在第二次世界大战中被用于军事产品。1939 年 9 月，帝化公司的聚乙烯厂投产运行，用来制造防水电缆和潜水舰通信电缆等绝缘材料。后来还用作雷达的绝缘材料，从而能把雷达安装到战斗机上，让盟军的飞机睁开了明亮的眼睛。在第二次世界大战中，聚乙烯塑料发挥了重大的作用，带动了整个行业的发展。

低密度聚乙烯薄膜一般采用吹塑和流延两种工艺制成。流延聚乙烯薄膜的厚度均匀，但由于价格较高，很少使用。吹塑聚乙烯薄膜是由吹塑级 PE 颗粒经吹塑机吹制而成的，成本较低，所以应用最为广泛。低密度聚乙烯薄膜是一种半透明、有光泽、质地较柔软的薄膜，具有优良的化学稳定性、热封性、耐水性和防潮性，耐冷冻，可水煮，主要缺点是对氧气的阻隔性较差。常用于复合软包装材料的内层薄膜，而且也是目前应用最广泛、用量最大的一种塑料包装薄膜，约占塑料包装薄膜耗用量的 40% 以上。由于聚乙烯分子中不含极性基团，且结晶度高，表面自由能低，因此该薄膜的印刷性能较差，对油墨和胶黏剂的附着力差，所以在印刷和复合前需要进行表面处理。

2. 聚氯乙烯

透明的聚氯乙烯颗粒如图 5-3 所示。

图 5-3　聚氯乙烯颗粒

聚氯乙烯（PVC）是由氯乙烯聚合而得的塑料，通过加入增塑剂，其硬度可大幅度改变。从硬制品到软制品都有广泛的用途。聚氯乙烯的生产方法有悬浮聚合法、乳液聚合法和本体聚合法，以悬浮聚合法为主。可根据需求，单独或复合添加增塑剂，使聚氯乙烯成了塑料界的百变大王。

1）软质聚氯乙烯可制成较好的农用薄膜，常用来制作雨衣、台布、窗帘、票夹、手提袋等，还被广泛用于制造塑料鞋及人造革。电力电缆最外层表皮常用聚氯乙烯。

2）硬质聚氯乙烯能制成透明、半透明及各种颜色的珠光制品。常用来制作皂盒、梳子、洗衣板、文具盒、各种管材等。

3. 聚苯乙烯

1941 年，美国的 DOW 化学发明了泡沫聚苯乙烯。因为它的阻隔和轻浮特性，被广泛应用于战时的海线防御。

到了现代，聚苯乙烯常被用来制作泡沫塑料制品，并可以和其他橡胶类型高分子材料共聚生成各种不同力学性能的产品，典型的有耐冲击性聚苯乙烯（HIPS）、苯乙烯-丙烯腈（SAN）、丙烯腈-丁二烯-苯乙烯（ABS）、SBS 橡胶等。

日常生活中常见的聚苯乙烯应用包括一次性塑料餐具，方便面、全家桶这些食品外包装，透明 CD 盒等。在建筑材料领域，发泡聚苯乙烯，也叫保丽龙，被广泛用作中空楼板隔音、隔热材料。一次性饮料杯大都采用此塑料，但如果盛放咖啡或者茶这些热饮就会采用纸杯或聚丙烯塑料等耐热品种。在日常生活中这些一次性饭盒和饮料杯在盛放较高温度的食物或饮料时，会使添加的增塑剂分解，造成对人体的伤害。

由于聚苯乙烯废品的残余价值低，不容易循环再利用，漂浮于水面时容易随风飘移，使得聚苯乙烯成为目前主要的海洋漂流物。

4. 聚丙烯

聚丙烯（PP）是由丙烯聚合而得的热塑性塑料，通常为无色、

半透明固体，无臭无毒，是最轻的通用塑料。其突出优点是在水中耐蒸煮，耐蚀性、强度、刚性和透明性都比聚乙烯好，缺点是耐低温冲击性差。PP是一种易老化塑料，但可分别通过改性和添加助剂来加以改进。PP的生产方法有淤浆法、液相本体法和气相法三种。

PP塑料有下列用途：

（1）工程用PP纤维　从产品上看，包装用薄膜约占包装用塑料总量的50%以上。我国双向拉伸聚丙烯（BOPP）薄膜是PP消费量最大的领域之一，按我国现有的BOPP薄膜生产能力换算，每年对PP的需求量近200万t，因此应重视开发BOPP薄膜，用高线速、延伸性、透明性好的PP专用料，包括配套用的乙、丙共聚物，以适应新引进的BOPP薄膜设备。

（2）汽车用改性PP　汽车工业的发展离不开汽车塑料化的进程，我国汽车制造业对工程塑料需求量增长迅速，到2010年总用量将达到94万t。PP用于汽车工业具有较强的竞争力，但因其模量和耐热性较低，冲击强度较差，因此不能直接用作汽车配件，轿车中使用的均为改性PP产品，其耐热温度由80℃提高到145～150℃，并能承受高温750～1000h后不老化，不龟裂。据报道，日本丰田公司推出的新一代具有高取向结晶性的聚丙烯HEHCPP产品，可以作为汽车仪表板、保险杠，比以TPO为原料生产的同类产品成本降低30%，改性PP用作汽车配件具有十分广阔的开发前景。

（3）家用电器用PP　近几年我国家用电器产业发展迅速，品种多，产量大。我国一些塑料原料厂商已经开发出洗衣机专用料，如PP 1947系列、K7726系列等，受到了洗衣机制造厂商的欢迎。因此，在未来几年内应加大开发家用电器PP专用料的力度，以适应市场变化的需求。

（4）管材用PP　塑料管材是我国化学建材推广应用的重点产品之一，建设部曾于2001年发出“关于加强共聚聚丙烯（PP-R、PP-B）

管材生产管理和推广应用工作的通知”，要求有关部门共同做好从原料、加工、质量以至管材使用、安装等工作，要严格把好 PP 管材质量关，以利更好地做好我国 PP 管材的生产、应用、推广工作。

（5）高透明 PP　随着人们生活水平不断提高，必然带来在文化、娱乐、食品、医疗、材料、居室装饰等各个方面的要求与提高，市场中很多物品越来越多地使用透明材料。因此，开发透明 PP 专用料是一个很好的发展趋势，尤其需要透明性高、流动性好、成形快的 PP 专用料，以便设计加工成人们喜爱的 PP 制品。透明 PP 比普通 PP、PVC、PET、PS 更具特色，具有更多优点和开发前景。

5.1.3　工程塑料

工程塑料可作为工程材料和代替金属制造机器零部件等的塑料。工程塑料具有优良的综合性能，刚性大，蠕变小，机械强度高，耐热性好，电绝缘性好，可在较苛刻的化学、物理环境中长期使用，可替代金属作为工程结构材料使用，但价格较高，产量较小。

工程塑料是指一类能承受一定的外力作用，并有良好的力学性能和尺寸稳定性，在高、低温下和较为苛刻的化学物理环境中仍能保持其优良性能，可以作为工程结构件的塑料。

1. 刚柔兼备的聚酰胺

聚酰胺（PA），俗名尼龙，由于它密度小、拉伸强度高、耐磨、自润滑性好、冲击韧性优异、具有刚柔兼备的性能而赢得人们的重视，加之其加工简便、效率高、可以加工成各种制品来代替金属，广泛用于交通运输业。典型的制品有泵叶轮、风扇叶片、阀座、衬套、轴承、各种仪表板、汽车电器仪表、冷热空气调节阀等零部件，大约每辆汽车消耗尼龙制品达 3.6～4kg。聚酰胺在汽车工业的消费比例最大，其次是电子电气行业。

2. 聚碳酸酯

聚碳酸酯（PC）是分子链中含有碳酸酯基的高分子聚合物，根据酯基的结构可分为脂肪族PC、芳香族PC、脂肪族-芳香族PC等多种类型。其中由于脂肪族PC和脂肪族-芳香族PC的力学性能较低，从而限制了其在工程塑料方面的应用。目前仅有芳香族PC获得了工业化生产。由于PC结构上的特殊性，现已成为五大工程塑料中增长速度最快的通用工程塑料，如图5-4所示。

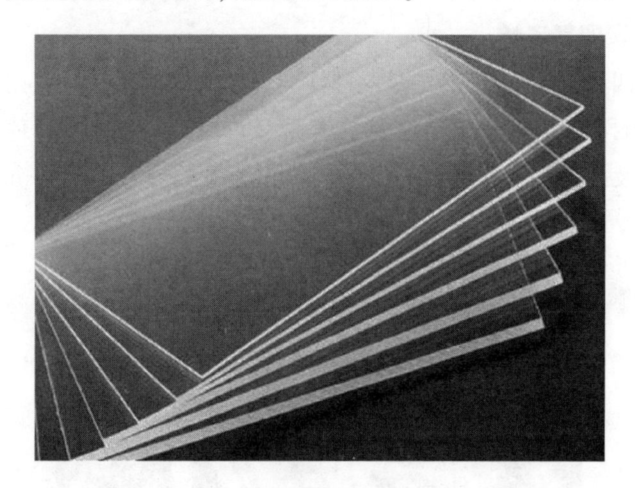

图5-4　聚碳酸酯工程塑料

3. 聚甲醛

聚甲醛（POM）或称多聚甲醛、聚缩醛，为甲醛的聚合物（高分子量聚甲醛），一般结构长度为8～100个单位。长链多聚甲醛常用于制作耐热塑胶，因为分解快速而稍具臭味，可用于熏烟消毒、杀菌，也可用于制备纯甲醛，低温储存甲醛溶液便会缓慢生成多聚甲醛，以白色不溶物沉淀出来。

聚甲醛具有下列优良性质：高强度、高刚性、耐蠕变、耐疲劳、重量轻、耐摩擦磨耗、耐油、耐有机溶剂等，在工业生产中运用广泛。

4. 聚对苯二甲酸丁二醇酯

聚对苯二甲酸丁二醇酯（PBT）为乳白色半透明到不透明的结

晶型热塑性聚酯。具有高耐热性、韧性、耐疲劳性、自润滑性、低摩擦系数和耐候性，吸水率低，仅为0.1%，在潮湿环境中仍保持各种物理性能（包括电性能），但体积电阻、介质损耗大。耐热水、碱类、酸类、油类，但易受卤代烃侵蚀，耐水解性差，低温下可迅速结晶，成形性良好。其“高冷”主要在耐高温、绝缘性上表现突出。

5. 聚四氟乙烯

聚四氟乙烯（PTFE）是一种性能优异的工程塑料，其耐化学腐蚀性、耐高低温性、电绝缘性、表面不黏性等，为许多其他工程塑料所不及，因而有“塑料王”的美称，如图5-5所示。

图5-5　聚四氟乙烯工程塑料

PTFE具有高度化学稳定性，它能耐几乎所有的强腐蚀性化学物质的腐蚀，同时还具有耐高温的特点，所以它是一种理想的防腐蚀材料。

随着科技进步，传统耐蚀非金属材料制造防腐蚀设备发展日益完善，新型耐蚀非金属材料制品不断涌现。在采用新技术、新材料开发防腐蚀新产品的浪潮中，PTFE防腐蚀产品一枝独秀，发展迅速。

6. 聚苯醚

聚苯醚（PPO）是 1960 年发展起来的高强度工程塑料，化学名称为聚 2，6-二甲基-1，4-苯醚，又称为聚亚苯基氧化物或聚苯撑醚。

PPO 无毒、透明、相对密度小，具有优良的力学性能、耐应力松弛性能、抗蠕变性、耐热性、耐水性、耐水蒸气性和尺寸稳定性。在很宽温度、频率范围内电性能好，主要缺点是熔融流动性差，加工成形困难，实际应用大部分为 MPPO（PPO 与 HIPS 共混制得的改性塑料)。

5.1.4　功能塑料

功能塑料是一种具有可塑性的人造高分子有机化合物树脂，功能性很广泛。功能性是指材料中除具有结构性能外，还具有某些特定的功能，如导电、导磁、光学性等。

1. 导电塑料

导电塑料是将树脂和导电物质混合，用塑料的加工方式进行加工的功能性高分子材料。主要应用于电子、集成电路包装、电磁波屏蔽等领域。通常认为塑料导电性极差，因此被用来制作导线的绝缘外套。但最近澳大利亚的研究人员发现，当将一层极薄的金属膜覆盖至一层塑料层之上，并借助离子束将其混入高分子聚合体表面，将可以生成一种价格低、强度高、韧性好且可导电的塑料膜。

这种材料的有趣之处在于几乎保留了高分子聚合物的全部优势——机械柔韧性、高强度、低成本，但与此同时又具有良好的导电性，而这通常不是塑料应该具有的特性。这种新材料可以利用现在的微电子工业常用的设备轻易地制造出来，相比传统的高分子半导体材料，这种新材料在氧气中的抗氧化能力也要高得多。导电塑料应用于太阳能电池板如图 5-6 所示。

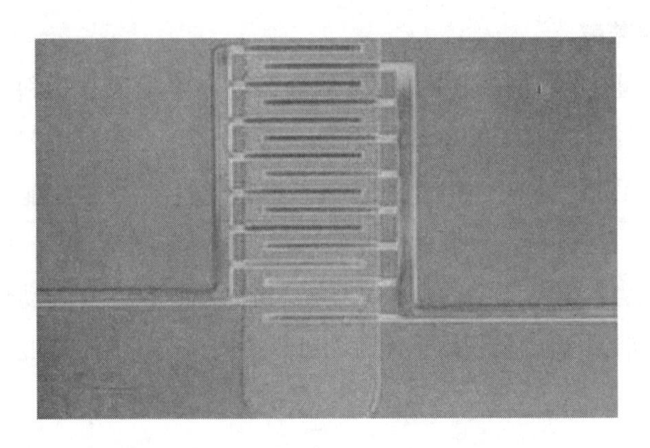

图 5-6　导电塑料应用于太阳能电池板

导电塑料有以下四个用途：

1）在电子、电器领域中用作集成电路、晶片、传感器护套等精密电子元件生产过程中使用的防静电周转箱、IC 及 LCD 托盘、IC 封装、晶片载体、薄膜袋等。

2）防爆产品的外壳及结构件，如煤矿、油船、油田、粉尘及可燃气体等场合使用的电器产品外壳及结构件。

3）中、高压电缆中使用的半导电屏蔽料。

4）电信、计算机、自动化系统、工业用电子产品、消费用电子产品、汽车用电子产品等领域中的电器产品 EMI 屏蔽外壳。

导电塑料在其他方面还有更多的应用，比如，利用它对电信号的敏感性，可以用来制作传感器；由于它能够吸收微波，调制成飞机涂料还可以起到逃避雷达的隐形效果；在火箭、船舶、石油管道以及污水管道中，还可以发挥它的防腐功能。

2. 磁性塑料

磁性塑料（见图 5-7）是 20 世纪 70 年代发展起来的一种新型高分子功能材料，是现代科学技术领域的重要基础材料之一。磁性塑料按组成可分为结构型磁性塑料和复合型磁性塑料两种。结构型磁性塑料是指聚合物本身具有强磁性的磁体；复合型磁性塑料是指以塑料或橡胶为黏合剂与磁性粉末混合黏结加工而制成的磁体。

图 5-7　磁性塑料

普通的塑料没有铁磁性。但是利用特殊的方法可以形成铁磁性塑料：一是设法改变塑料的成分，使得它们具有磁性，这种方法还处于研究之中；二是在普通的塑料中添加磁性粉末，成为复合的磁性塑料。这种方法制造的磁性塑料已经在我们的生活中大量应用。

复合型磁性塑料主要由树脂及磁粉构成，树脂起黏结作用，磁粉是磁性的来源。用于填充的磁粉主要是铁氧体磁粉和稀土永磁粉。复合型磁性塑料按照磁特性又可分为两大类：一类是磁性粒子的易磁化方向是杂乱无章排列的，称为各向同性磁性塑料，性能较低，通常由钡铁氧体作为磁性材料；另一类是在加工过程中通过外加磁场或机械力，使磁粉的易磁化方向顺序排列，称作各向异性磁性塑料，使用较多的是锶铁氧体磁性塑料。

3. 抗菌塑料

抗菌塑料是一类在使用环境中本身对沾污在塑料上的细菌、霉菌、酵母菌、藻类甚至病毒等起抑制或杀灭作用的塑料，它通过抑制微生物的繁殖来保持自身清洁。目前，抗菌塑料主要通过在普通塑料中添加少量抗菌剂的方法获得。

抗菌塑料首先要满足塑料作为基本材料使用时对其物理、化学、力学等性能的必要要求，同时要考虑具备抗菌这一特殊功能以及由此产生的附加功能。因此，抗菌塑料要有良好的机械强度、化学稳定性，良好的加工性。在抗菌性方面，要求抗菌塑料能够适应使用环境，并应当有高效、广谱、长效的抗菌性。由于抗菌塑料中含有少量抗菌剂，因此要求所用的抗菌剂达到规定的卫生安全标准，并使抗菌塑料成品达到无毒、无异味、对环境无害的要求。

4. 泡沫塑料

泡沫塑料是由大量气体微孔分散于固体塑料中形成的一类高分子材料，具有质轻、隔热、吸声、减震等特性，且介电性能优于基体树脂，用途很广。几乎各种塑料均可制成泡沫塑料，发泡成形已成为塑料加工中的一个重要领域。

泡沫塑料（见图 5-8）具有非常好的吸声能力，可以隔绝声音，电影制片厂及录音室经常用它来装饰墙壁，以便有效地控制杂音。

图 5-8　泡沫塑料

泡沫塑料的弹性也相当好，有一种软质泡沫塑料，可以承受 $400kN/m^2$ 的压力，若去掉这些压力，它会很快回复到接近原有形状。

此外，泡沫塑料的透气性以及耐洗性和耐热性都非常好。在200℃的温度下，它也不会熔化；当温度降至－32℃时，其柔软性依然不错。还有一种硬质泡沫塑料，类似于木材，有一定的硬度，能承受相当高的压力。

正由于泡沫塑料有上述各种特点，所以它的应用越来越广，天上、地下以及水中，到处都可以看到它的踪影。

5. 聚酰亚胺塑料

聚酰亚胺是综合性能最佳的有机高分子材料之一，耐高温达400℃以上，长期使用温度范围为－200～300℃，无明显熔点，具有高绝缘性能。聚酰亚胺品种繁多、形式多样，在合成上具有多种途径，因此可根据各自应用目的进行选择，这种合成上的易变通性也是其他高分子材料所难以具备的。在众多的聚集物中，很难找到如聚酰亚胺这样具有如此广泛的应用，而且在每一个方面都显示了极为突出性能的材料。一缕看似普通的聚酰亚胺，放在点燃的酒精灯火焰上，却完好无损，没有溶滴，也没有黑烟，令人称奇。

5.1.5 塑料袋的污染

以前没有塑料袋的时候，人们买东西都是自己带菜篮子；后来出现了方便的塑料袋，但要买来才能使用；再后来，塑料袋生产成本下降了，卖东西的就开始免费提供了。可是天下没有免费午餐，商家可以把塑料袋的开支均摊到所销售的商品的价格里，最终还是消费者自己掏腰包。我们享受了塑料袋带来的便捷，实在不想再回到没有塑料袋的岁月里，但是被随手丢弃的塑料袋（见图5-9）被称为“白色垃圾”，在风中漫天飞舞，污染了我们的环境。

图 5-9　塑料袋的污染

这样的隐形的收费办法，致使消费者误以为塑料袋是免费的，或者认为反正是算到买的东西里面了，大家均摊，不要白不要，要得越多越划算。如此一来，塑料袋的用量就很惊人了。据报道，上海联华超市、华联超市所有门市每天的塑料袋用量就分别达到 72 万个和 30 万个；成都全市每年消耗的塑料袋超过 10 亿个。而消费者把这些塑料袋带回家一般就随手扔掉了，或者是当成垃圾袋，结果造成严重的白色污染。

现在塑料袋要收费了，不管消费者情愿不情愿，要用就得掏钱，可是商家的商品价格却没有因为不再附加塑料袋的价格而有所下降。如此算来，难怪商家高兴了，这不又多了一笔额外的收入吗？再看消费者，拿着自己花钱买的塑料袋，用着是坦然了，当然扔起来也更心安理得了，污染就污染吧，反正我为此付费了！况且，能经常上超市买东西的人通常也不在乎这点小钱，该用还是用，总不能让穿着光鲜的白领丽人重提菜篮子吧！总之，治理白色污染还有很多工作要做，真可谓是任重而道远。

5.2 橡胶

5.2.1　橡胶发展历程

橡胶是在偶然的机会被发现的，早在1492年，著名的航海家哥伦布发现了新大陆——美洲。据说有一天，哥伦布将船停泊在南美洲一个叫作海地岛的岸边，他和伙伴们立在船头闲眺，看到一群当地的孩子正在玩一种黑色的沉甸甸的球，让他们感到奇怪的是，这种球落到沙滩上，居然能重新蹦起很高，弹性非常好。后来，经过多方询问得知这种球是由“卡乌秋”做成的。卡乌秋的印第安语意思是树的眼泪，也就是今天我们所谓的橡胶。

1493年，哥伦布从海外回到欧洲的时候，带回了各种各样珍奇的物品，其中就有一个“卡乌秋”做的球。然而，当时的欧洲人对这种东西不感兴趣，就把它直接送进了博物馆。直到100年以后，人们才真正地去探索橡胶的奥秘，紧接着，天然橡胶的制品就出现了。例如，不进水的靴子——橡胶鞋，经过烟熏之后，橡胶发亮，这样的鞋子不但美观，而且还能防进水，橡胶由此就进入了欧洲人的上流社会。

橡胶不仅是和平建设的必需物资，也是战争时期的重要战略物资，由于橡胶种植受到自然条件的限制，因此世界各国不断为橡胶资源展开争夺。

5.2.2　天然橡胶

1. 哥俩好

当你看到哥俩好你会想起什么？一群彪形大汉在围着酒桌喝得很嗨，他们在进行着行酒令“哥俩好”，真是一派祥和的景象。但是在这里我们说的哥俩好是一种胶水，一种万能的胶水，它几乎改变了我们对胶水的看法，有着让人发狂的特质，能够使我们将看似不能相连的材料粘得死死的。

哥俩好俗称万能胶，刚产生的时候它被称为“一个能够黏的让人发狂的鬼东西”。

塑料鞋破了，除了买一双新的，还有什么办法？“补呀！”你可能会这么说。那用什么东西补呢？“万能胶！”也许你会脱口而出。对了，就是用哥俩好万能胶！

这种胶水粘接强度高，具有良好的耐油、耐溶剂和耐化学试剂的性能。而且，它的适用范围广泛，可以进行橡胶、皮革、织物、纸板、人造板、木材、泡沫塑料、陶瓷、混凝土、石材甚至金属等各种材料的自粘和互粘。所以，它被人们称呼为“万能胶”。

这种胶水的粘接性太好了，因此我们要时刻注意着它，也要时时刻刻防着它，不然他会给我们的家人带来危险，特别要注意小孩，很容易进入眼睛里。提醒我们的家人，不让小孩碰到这种胶水。

2. 气死猫

聪明的杰瑞和不走运的汤姆，给我们带来了那么多的笑声。在这个动画片里，我们喜欢杰瑞这只老鼠，而讨厌汤姆这个猫呢？猫和老鼠本来是一对天敌，但是老鼠经常捉弄猫，气死猫。

现在的老鼠确实是越来越胆大，家里的猫养尊处优、不愁吃喝，或许使得现在的老鼠越来越猖狂，不害怕猫了，而且还变本加厉地破坏。

随着人类文明的发展，相继出现了捕鼠器和用橡胶制成的“气死猫”，气死猫这种灭鼠的方法有以下的优点：由于它是采用的天然橡胶，所以原材料比较丰富而且较廉价。并且这种橡胶不像哥俩好那种橡胶一样，凝固的时间较快，而对于这种橡胶来说，它的黏性可以保持20～30天不会失效，可以放在任何地方，而且没有任何毒性，被这种橡胶粘到的老鼠是跑不掉的，直至被饿死，这一点可以真实气死猫。

3. 胶带

你知道为什么胶带（见图 5-10）可以粘东西吗？这当然是因为它表面上涂有一层黏着剂的关系。最早的黏着剂是来自动物和植物，在 19 世纪的时候，橡胶是黏着剂的主要成分，而到了现代则广泛应用各种聚合物作为替代。黏着剂本身可以粘住东西，原因是本身的分子和欲连接物品的分子间形成键结，这种键结又可以把两个分子牢牢地粘合在一起。黏着剂的成分依不同厂牌、不同种类，拥有各种不同的聚合物。

图 5-10　多彩斑斓的胶带

胶带工厂中胶带在 BOPP 原膜的基础之上经过高压的电晕之后，在胶带的其中一面相对粗糙的表面上涂上胶水，然后再经过胶带工厂的机械运作把胶带分成一小卷的分量，也就是制成了现在我们办公用品中的卷状胶带。

众所周知，服装在加工生产中一定会出现针眼，当然防水产品也不会例外。如何才能保证这些针眼不漏水呢？这样看似简单的问题也困惑了我们几千年。因为普通的胶带遇水则不具有粘接性，所以不能解决，这时就要使用热封胶带。

热封胶带是利用专用设备（热风缝口密封机或高频热合机）进行加热，缝合在雨衣、帐篷、升空气球等防水、防气产品的针织骨位针孔中，从而达到密封（防漏水、防漏气）效果的一种胶带。

4. 橡胶的推手——硫

一提到硫大家就会想到它是空气中的污染物，是我们的敌人，但是，如果橡胶里没有硫，那么我们的橡胶产业是不会发展起来的，那么硫在橡胶里究竟有什么作用呢？下面让我们来探讨一下。

在160多年前，人们只知道从橡胶树中获得生胶，它热天十分柔软，可到了冬天，却像木板那样坚硬。把生胶涂在布上，做成胶布雨衣，也只能在温暖的季节里使用。1838年，美国人固特异发现，如果把生胶和少量硫黄混在一起加热，得到的产品比普通生胶要好得多，无论是冬天还是夏天，都能保持柔软而不粘。这样处理过的橡胶叫作硫化橡胶。现在我们穿的雨衣，用的自行车胎等，几乎都是经过硫化处理的。为什么硫黄会使橡胶变得如此“驯服”的呢？

原来，橡胶分子里的碳原子，像一根碳链子那样，一个接连着一个，这些碳原子又拉住了两个氢原子。这些分子连起来，像一条长长的线，叫作线型结构。如果这种橡胶分子里混入了硫黄，并加热，硫黄能够巧妙地在线型分子链之间架起桥梁，把线结构的线型分子变成网状结构，使得橡胶的强度成倍地提高，如图5-11所示。

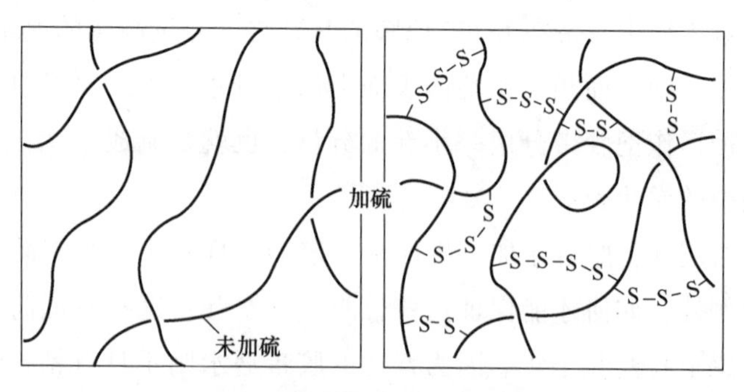

图5-11　硫对橡胶分子链的对比

5.2.3　工业橡胶

随着工业革命的兴起，橡胶被制造成垫圈、充气船等。橡胶的性能激发了人们无穷的想象力和创造力。法国作家凡尔纳写道："没有橡胶就没有凡尔纳的《气球上的五星期》和《八十天环游地球》"。18世纪，欧洲人看到雨林中的印第安人土著穿着橡胶鞋子时就发现了橡胶的工业价值。欧洲工业革命从把橡胶推入工业应用领域，及至开始生产汽车，天然橡胶便成为重要的工业原料。

1. 橡皮泥

橡皮泥在成为深受儿童喜爱的玩具以前，它的最初设计目的是作为清洁产品。它第一次进入市场的形象是作为肮脏壁纸的清洁物。

1940年，通用电气公司的工程师詹姆斯·怀特及其同事们希望合成出一种橡胶替代物，用来制作坦克、飞机轮胎和军靴等。考虑到硅油有着不错的耐热性、电绝缘性、疏水性、生理惰性、较高的抗压缩性和较小的表面张力等特点，他们选取其作为主要实验原料，在对硅油进行测试时，怀特向里面添加了硼酸，结果这一举动制出的合成物柔软有弹性，有着很好的可塑性，黏性也很大，然而，它还无法替代橡胶。

虽然制不成轮胎、军靴等物品，但这一合成品黏黏的，用来清洁也是不错的，通用公司随后对实验的失败品进行改造，以清洁剂身份进入市场——用来清洁肮脏的壁纸。最终，清洁剂得以大卖，却并不是因为它有多么好的清洁效果，而是作为一种装饰物备受小孩子们的追捧。

通用公司尝到了甜头，很快对清洁剂进行改造，去掉其中的清洁剂成分，加入颜料和好闻的香味，于是最开始灰白色的清洁剂摇身一变，变身五颜六色、味道各异的橡皮泥，成为世界上最受欢迎的玩具之一。

尽管没有像橡胶那样有着实际用途，但橡皮泥作为一种有趣的玩具，丰富了孩子们的生活，这真应了那句俗话："金子总会发光"，重要的是找对自己的位置。

橡皮泥发展到现在，无论是材质还是工艺，都有了很大的提升，以前的橡皮泥不仅硬邦邦的不容易捏，而且不能混色、不能重复利用，而如今，经过升级后的橡皮泥——"彩泥"完全克服了上述问题，更高端的还有"超轻黏土"。

2. 雨衣

虽然下雨打伞有着千年的历史，但是打着伞走路还可以，干活却不方便。穿着雨衣的话，可就方便多了。特别是对那些骑车上班的人来说，雨衣是他们必不可少的工具，打伞骑车有危险，穿着雨衣骑车可使他们的手解放出来，专心的骑车，而且还不会淋湿衣服。我国古代早就有了用棕丝编织的蓑衣，这可能是最早的雨衣。

如果让孩子撑一个小伞，他们会照常被淋湿；如果让他们撑一个大一点的伞，就会挡住他们的视线，导致他们看不到前方的路，这样多么危险。于是雨衣就成为孩子们的首选。

3. 轮胎

从古代的马车到现代的汽车，能够很好地说明人类的文明的进步。在古代，最舒服的代步工具就是八抬大轿，为什么？因为马车的车轱辘是木头制成的，坐在上面很是颠簸，很不舒服，特别是对于老年人，很容易把他们颠出毛病来。而现在的汽车，坐在上面很舒服，原因在哪？有人说现在汽车的减震比较好，减震是怎么回事？就是轮胎的作用。轮子由几千年来的木制，摇身变成现在的橡胶轮胎。

现在的轮胎可谓是百花齐放，种类让我们眼花缭乱。无轮毂轮胎目前不仅运用于汽车领域，而且已经在电动车、摩托车、自行车上进行试验。最早的无轮毂轮胎，可以追溯至1989年的日内瓦车展，这种轮胎的橡胶要求更高，不但要有弹性还得有一定的强度，这样才能达到使用的要求。来自瑞士的非著名汽车厂商 Sbarro 展出了一台配备无轮毂车轮的概念车如图 5-12 所示。据说，配备无轮毂轮胎的车辆除了更加炫酷之外，还有更多轮毂轮胎无法媲美的特殊能力。

图 5-12　无轮毂的轮胎

20 世纪 60 年代，固特异想到一个点子，将灯泡安装在轮辋内部，轮胎采用特殊配方制成的半透明合成橡胶，通上电后，就创造出了炫酷无比的发光轮胎，如图 5-13 所示。不过，现在的发光轮胎可是已经很高级了，使用 LED 光带，国内似乎也有生产。

图 5-13　会发光的橡胶轮胎

自第一条充气轮胎诞生，它已经统治了交通行业近两个世纪。然而，即便充气轮胎再完善，仍无法逃脱“爆胎”的致命威胁。如何让轮胎降低爆胎率，提高使用寿命，已经成为很多国家和轮胎企业的重要命题。于是，免充气轮胎（见图 5-14）应运而生。其中，以中国、法国、韩国、日本四个国家的研究成果最具代表性。

图 5-14　免充气橡胶轮胎

4. 密封圈

1986 年 1 月 28 日，挑战者号在发射升空后 71s 发生爆炸，7 名宇航员遇难，其中包括两名女性宇航员。根据调查这一事故的总统委员会的报告，爆炸是一个 O 形密封圈失效所致。这个 O 形密封圈位于右侧固体火箭推进器的两个低层部件之间。失效的封环使炽热的气体点燃了外部燃料罐中的燃料。O 形密封圈会在低温下失效，尽管在发射前夕有些工程师警告不要在冷天发射，但是由于发射已被推迟了 5 次，所以警告未能引起重视。

不过是一个密封圈，却毁了一艘航天飞机，造成了一起大空难！

5. 绝缘皮

绝缘皮具有较大体积电阻率和耐电击穿的胶板，采用 NR、SBR 和 IIR 等绝缘性能优良的非极性橡胶制造，用于配电等工作场合的台面或铺地绝缘材料。由于电是我们看不见摸不着的，有可能随时威胁到我们的人身安全，但是，在外面裹上一层橡胶的绝缘皮后，电就像是笼子里的老虎，是跑不出来的，这样也就不能够伤害我们。同时，绝缘皮的外观有多种颜色，还能够增加美观度，让人感觉赏心悦目，心情舒畅。

但是，由于橡胶的熔点低，而且在空气中很容易燃烧，在绝缘皮防电的同时，也有一定的安全隐患。所以，我们要做到尽量不使用大功率电器，而且要做到人离插座空，防止意外失火。

5.3 纤维

5.3.1 纤维发展历程

1. 初识纤维

纤维，作为一种高新科技化学材料，在我们日常生活随处可见其踪迹。从日常所穿的衣服，家里用的纺织品，写字用的纸张及其他各种印刷品，到我们食物中的膳食纤维，再到城市中随处可见的住宅楼写字楼，甚至奔驰于平坦大道上的汽车中都有纤维的身影。

20 世纪 20 年代人工合成的锦纶纤维问世，1938 年美国杜邦公司投入生产，拉开了合成纤维的历史帷幕。1934 年发明的涤纶纤维，被称为 20 世纪影响人类生活的 20 大发明之一。接着“上台”的是腈纶纤维，始于 20 世纪 40 年代末兴于 20 世纪 50 年代。至此，三大合成纤维的“登台”，使合成纤维作为三大高分子合成材料之一，在 20 世纪中叶取得了令人赞叹的发展，20 世纪 70 年代后期曾一度赶超棉花的产量。如图 5-15 所示为三大合成纤维制品。

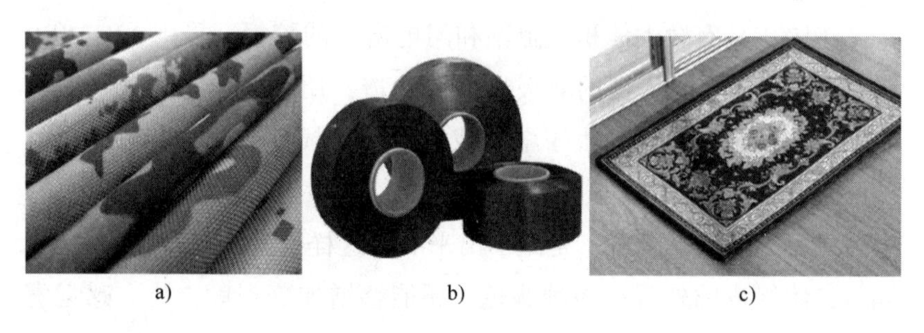

图 5-15　三大合成纤维制品

a）锦纶织品　b）涤纶纤维　c）腈纶地毯

随着科学技术的发展，纤维的应用早已不再局限于满足人们日常生活的需求，在各行各业大展拳脚的纤维，俨然是材料发展史的一颗耀眼新星，熠熠夺目。现代纤维技术的发展，使高分子合成纤维材料走过了从大众材料到结构材料、功能材料直到生命材料的发展道路。

军工国防领域内的芳纶纤维，因其耐高温、耐辐射等优越性能，可以制作高温防火保护服、赛车防燃服、装甲部队的防护服和飞行服。目前英美等发达国家的防弹衣、防弹头盔均因采用这种特殊材料而轻量化，极大程度上提高了部队的快速反应能力。

在环保领域，聚乳酸（PLA）是一种可完全生物降解的塑料，能被自然界完全降解最终生成二氧化碳和水，不会污染环境，属“环境友好型”绿色材料。聚乳酸又有良好的力学性能及物理性能，加工方便。可以代替由聚乙烯所制造的各种塑料制品，减少白色污染。

在建筑领域，纤维技术与混凝土技术的完美融合，研制出了可以改善混凝土性能、提高土建工程质量的 PTT（见图 5-16），因为 PTT 集合各种纤维优良使用性能于一身，得到广泛应用。

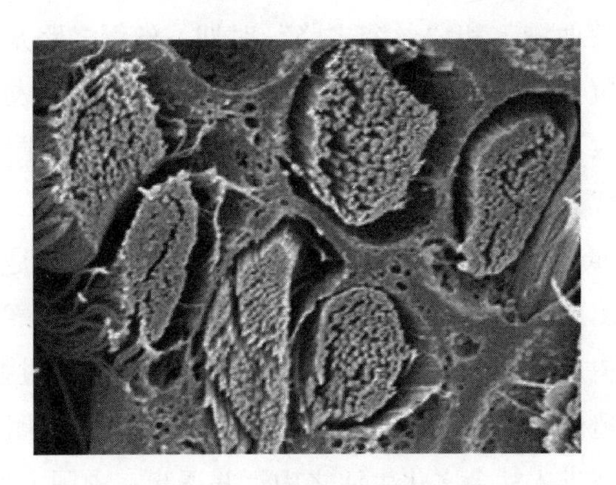

图5-16　PTT超细纤维合成革

2. 纤维的历史

(1) 神奇的“中国草”　苎麻是多年生宿根性草本植物，作为中国的优势特产，是一种重要的韧皮纤维作物，在国外被称作“中国草”。是我国特有的以纺织为主要用途的植物。中国是世界上种植苎麻历史最悠久的国家，迄今已有4000年的历史。而大面积种植则出现在3000多年前的商周时期。苎麻的茎皮纤维长而且柔韧、色白、不皱不缩、拉力强、富弹性、耐水湿、耐热力大，抗腐化能力强，为性能优良的纺织原料。

(2) “先蚕娘娘”　黄帝战胜蚩尤后，建立了部落联盟，黄帝被推选为部落联盟首领。他带领大家发展生产，种五谷，驯养动物，冶炼铜铁，制造生产工具；而做衣冠的事，就交给正妃嫘祖了。在嫘祖的倡导下，中国人开始了栽桑养蚕的历史。后世人为了纪念嫘祖这一功绩，就将她尊称为“先蚕娘娘”。

(3) 丝绸之路　“先蚕娘娘”带领大家养蚕抽丝，织丝为绸，缝绸做衣，解决了当时人们穿衣的问题，也揭开了丝绸造福于世的帷幕。随着纺织技艺的日臻精湛，丝绸织物也声名在外。到了汉代以后，随着进出口贸易的繁盛，丝绸的出口也蒸蒸日上，集中体现在“张骞出使西域”和“丝绸之路”时期。丝绸之路是历史上横贯欧亚大陆的贸易交通线，促进了欧亚非各国和中国的友好往来。中国是丝绸的故乡，在经由这条路线进行的贸易中，中国输出的商品以丝绸最具代表性。

（4）造纸术问世　造纸术是中国四大发明之一，是人类文明史上的一项杰出的发明创造。东汉元兴元年（105年）蔡伦改进了造纸术，他用树皮、麻头及敝布、渔网等植物原料，经过挫、捣、抄、烘等工艺制造的纸，是现代纸的渊源。自从造纸术发明之后，纸张便以新的姿态进入社会文化生活之中，并逐步在中国大地传播开来，以后又传播到世界各地。

5.3.2　天然纤维

在自然界原有的或经人工培植的植物上、人工饲养的动物上直接取得的纺织纤维统称为天然纤维，是纺织工业的重要材料来源。天然纤维来自自然的孕育，是人类最早使用的纤维，在纤维家族中资历是最老的，也一直是中坚力量，自古至今它始终供人们使用，并将永远伴随人类的发展。

天然纤维中长期大量使用的有棉、麻、毛、丝四种，是纤维家族里的“四大天王”。

5.3.3　化学纤维

天然纤维固然质优耐用，但本身的组织决定其存在缺陷，况且天然纤维来源具有局限性，远远不能满足社会的需求。因此，人类经科研发现，纤维可以人工合成或提炼，从而开发出了新的纤维来源。

化学纤维是受到蚕宝宝吐丝的启发而利用仿生学的原理制成的，它是以天然的或人工合成的高聚物为原料，把它们制成化学溶液，从纺丝板上细小的纺丝孔中挤压形成纤维，不同形状的孔形成不同截面的长丝纤维。如粘胶纤维、腈纶、涤纶等。

因所用高分子化合物来源不同，化学纤维可分为以天然高分子物质为原料的再生纤维和以合成高分子物质为原料的合成纤维。

（1）再生纤维　再生纤维是以纤维素和蛋白质等天然高分子化合物为原料，经化学加工制成高分子浓溶液，再经纺丝和后处理而制得的纺织纤维。再生纤维又分再生纤维素纤维和富强纤维两种。

（2）合成纤维　合成纤维是由合成的高分子化合物制成的，常用的合成纤维有涤纶、锦纶、腈纶、氯纶、维纶、氨纶、聚烯烃弹力丝等。

第6章

复 合 材 料

复合材料是以某种材料为基体，以金属或非金属线、丝、纤维、晶须或颗粒为增强相的非均质混合物，其共同点是具有连续的基体。本质在于把基体优越的塑性与成形性和增强材料的承载能力与刚性相结合，把基体良好的热传导性和增强材料的低热膨胀系数结合起来，好比是孩子继承了父母双方基因的长处，因此非常优秀。

复合材料的基体材料分为金属和非金属两大类。金属基体常用的有铝、镁、铜、钛及其合金。非金属基体主要有合成树脂、橡胶、陶瓷、石墨、碳等。增强材料主要有玻璃纤维、碳纤维、硼纤维、芳纶纤维、碳化硅纤维、石棉纤维、晶须、金属丝和硬质细粒等。

1. 复合材料的分类

复合材料的分类如图6-1所示。

2. 复合材料的特性

1）复合材料的比强度和比刚度较高。材料的强度除以密度称为比强度。材料的刚度除以密度称为比刚度。这两个参量是衡量材料承载能力的重要指标。比强度和比刚度较高说明材料重量轻，而强度和刚度大。这是结构设计，特别是航空、航天结构设计对材料的重要要求。现代飞机、导弹和卫星等机体结构正逐渐扩大使用纤维增强复合材料的比例。

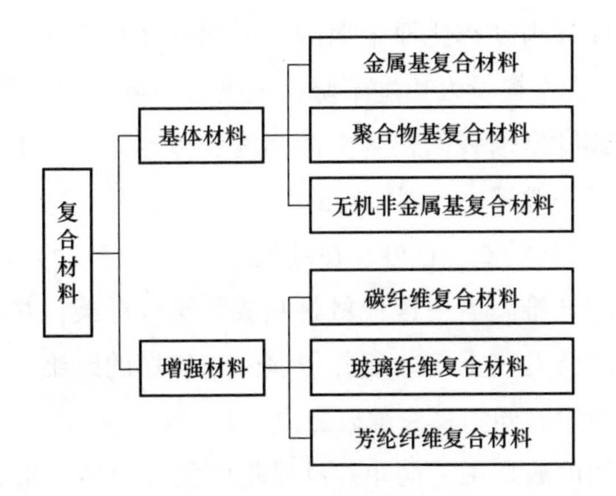

图6-1 复合材料的分类

2）复合材料的力学性能可以设计，即可以通过选择合适的原材料和合理的铺层形式，使复合材料构件或复合材料结构满足使用要求。例如，在某种铺层形式下，材料在一方向受拉而伸长时，在垂直于受拉的方向上材料也伸长，这与常用材料的性能完全不同。又如，利用复合材料的耦合效应，在平板模上铺层制作层板，加温固化后板就自动成为所需要的曲板或壳体。

3）复合材料的抗疲劳性能良好，一般金属的疲劳强度为抗拉强度的40%～50%，而某些复合材料高达70%～80%。复合材料的疲劳断裂是从基体开始的，逐渐扩展到纤维和基体的界面上，没有突发性的变化。因此，复合材料在破坏前有预兆，可以检查和补救。纤维复合材料还具有较好的抗声振疲劳性能，用复合材料制成的直升机旋翼，其疲劳寿命比用金属的长数倍。

4）复合材料的减振性能良好，纤维复合材料的纤维和基体界面的阻尼较大，因此具有较好的减振性能。用同样形状和同大小的两种梁分别做振动试验，碳纤维复合材料梁的振动衰减时间比轻金属梁要短得多。

5）复合材料通常都能耐高温，在高温下，用碳或硼纤维增强的金属，其强度和刚度都比原金属的强度和刚度高很多。普通铝合金在400℃时，弹性模量大幅度下降，强度也下降；而在同一温度下，用碳纤维或硼纤维增强的铝合金的强度和弹性模量基本不变。复合材料的热导率一般都小，因而它的瞬时耐超高温性能比较好。

6）复合材料的安全性好，在纤维增强复合材料的基体中有成千上万根独立的纤维。当用这种材料制成的构件超载，并有少量纤维断裂时，载荷会迅速重新分配并传递到未破坏的纤维上，因此整个构件不至于在短时间内丧失承载能力。

复合材料的成型工艺简单。纤维增强复合材料一般适合整体成型，因而减少了零部件的数目，从而可减少设计计算工作量并有利于提高计算的准确性。另外，制作纤维增强复合材料部件的步骤是把纤维和基体黏结在一起，先用模具成型，而后加温固化。在制作过程中基体由流体变为固体，不易在材料中造成微小裂纹，而且固化后残余应力很小。

3. 复合材料的应用

复合材料的主要应用领域如下：

1）航空航天领域。由于复合材料热稳定性好，比强度、比刚度高，可用于制造飞机机翼和前机身、卫星天线及其支撑结构、太阳能电池翼和外壳、大型运载火箭的壳体、发动机壳体、航天飞机结构件等。

2）汽车工业。由于复合材料具有特殊的振动阻尼特性，可减振和降低噪声，抗疲劳性能好，损伤后易修理，便于整体成形，故可用于制造汽车车身、受力构件、传动轴、发动机架及其内部构件。

3）化工、纺织和机械制造领域。有良好耐蚀性的碳纤维与树脂基体复合而成的材料，可用于制造化工设备、纺织机、造纸机、复印机、高速机床、精密仪器等。

4）医学领域。碳纤维复合材料具有优异的力学性能和不吸收X

射线的特性，可用于制造医用 X 射线机和矫形支架等。碳纤维复合材料还具有生物组织相容性和血液相容性，生物环境下稳定性好，也用作生物医学材料。

此外，复合材料还用于制造体育运动器件和用作建筑材料等。

4. 复合材料的发展前景

现代高科技的发展离不开复合材料，复合材料对现代科学技术的发展有着十分重要的作用。复合材料有复合材料的研究深度和应用广度及其生产发展的速度和规模，已成为衡量一个国家科学技术先进水平的重要标志之一。

现阶段，我国玻璃钢、复合材料行业面临一个新的大发展时期，如城市化进程中大规模的市政建设、新能源的利用和大规模开发、汽车工业的发展、大规模的铁路建设、大飞机项目等。在巨大的市场需求牵引下，复合材料产业将有很广阔的发展空间。复合材料也正向智能化方向发展，材料、结构和电子互相融合构成的智能材料与结构，是当今材料与结构高新技术发展的方向。随着智能材料与结构的发展还将出现一批新的学科与技术，包括综合材料学、精细工艺学、材料仿生学、生物工艺学、分子电子学、自适应力学及神经元网络和人工智能等。智能材料与结构已被许多国家确认为必须发展的重点，成为复合材料一个重要的发展方向。

第7章 生活中的材料知识

7.1 防 PM2.5 口罩的材料

目前雾霾天气仍然困扰着人们，口罩成了出行热门商品。现在市场上各类口罩产品五花八门，人们也常常有口罩能不能防 PM2.5 的疑问？探究其滤片材料，大多为以下其中一种或者几种的组合。

1. 熔喷布滤片

过滤面料主要为熔喷布，微观结构如图 7-1 所示。其透气性好，需要复合多层才能有效地阻挡部分灰尘和吸入颗粒物。多层熔喷布复合滤片会影响人的呼吸气流，只是单方面起到防尘作用，不宜长时间戴着这种口罩。

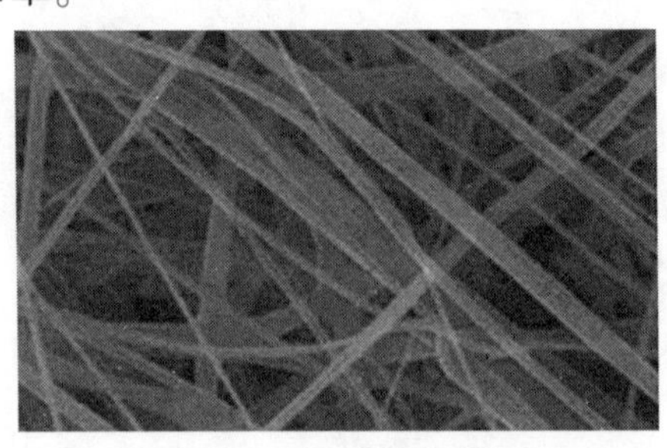

图 7-1 熔喷布的微观结构

2. 防霉抗菌面料滤片

防霉抗菌面料滤片（见图7-2）主要采用普通抗菌面料，为了达到防尘的效果，面料必须多加几层。人们戴这种口罩时，会造成呼吸不顺，而且防PM2.5效果有限。面料所使用的杀菌剂本身含有苯、硫等有害物质，且抗菌效果有限。

图7-2　防霉抗菌面料滤片

3. 活性炭纤维滤片

活性炭纤维滤片外层采用两层或多层无纺布或熔喷布，中间有一层或多层活性炭纤维布，有防毒、除臭、滤菌、阻尘的功效，采用的是纯粹的物理吸附原理，如图7-3所示。对于防PM2.5也非常有限。活性炭纤维布内分布的一部分细微炭粉颗粒物也可能会被吸入呼吸道中，造成人体污染，患有慢性呼吸道疾病和体弱者一定要慎用。

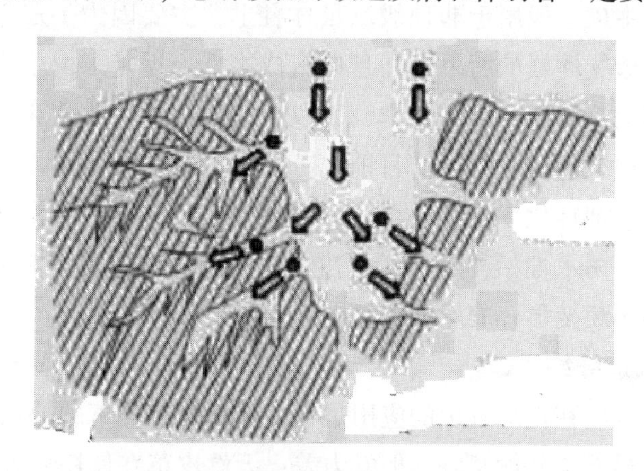

图7-3　活性炭的物理吸附原理

4. 纳米纤维滤片

纳米纤维滤片的材料内部结构呈翼状分布，对雾霾及 PM2.5 过滤效果更好。纳米纤维滤片与传统过滤媒体的对比如图 7-4 所示。

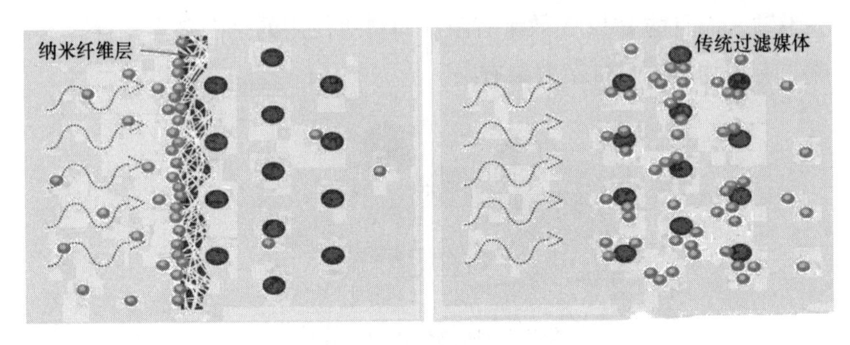

图 7-4　纳米纤维滤片与传统过滤媒体的对比

┈—空气流　●—颗粒　●—过滤层

7.2 足球鞋的面料

1. 牛皮

过往牛皮一般用于非顶级款足球鞋上，主要因为牛皮具有柔软触感好、透气性好的特性，而且原料成本低。近年来由于袋鼠皮的原料成本上涨厉害，不少品牌商都以鞣化牛皮或小牛皮来代替袋鼠皮，用于顶级款足球鞋上。目前皮革厂商的鞣化技术可以说登峰造极，已经能把鞣化牛皮或小牛皮的质感做得无限接近袋鼠皮。但牛皮的韧性、防水性始终不及袋鼠皮，在使用后就体现得更明显，相对更容易出现变形、表层剥落和松垮的状况。

2. 人造纤维

人造纤维在足球鞋上的应用是为了弥补天然皮革的缺点，例如：天然皮革虽然柔软触感好，但发力差；天然皮革在使用后容易变形；天然皮革都不适合雨战；天然皮革容易开胶，耐用度差；天然皮革不适合在表面加入太多的图案、颜色、涂层或辅助设计，因为容易剥落。经过多年的发展，目前足球鞋的人造纤维不仅能弥补天然皮革的众多缺点，还已经基本能模拟出天然皮革的所有优点，而且更耐用，原料成本更低。人造纤维逐步取代天然皮革是足球鞋发展的趋势。当然，人造纤维面料也分不同的等级，对应不同等级的足球鞋。我们一般称好的人造纤维为超纤，差的为 PU。最后要补充一点，透气性不佳是大部分人造纤维所表现的突出问题。

3. 织物

近两年织物面料足球鞋像雨后春笋般出现，旨在提供最自然的赤足感，最有代表性的是耐克的毒锋和鬼牌。曾经我们很难想象织物面料如何应用到足球鞋之上，因为担心织物是否承受得起足球运动中如此高强度的对抗，但变革时代已经到来。首先是毒锋的 Nike-skin 织物，通过特殊的编织方式使鞋面呈现凹凸的立体纹路，并以热熔膜覆盖固定；而鬼牌则突破性地使用了 Flyknit 纱线，提供如袜子般的贴合度，当然表层还是得靠热熔膜来提升强度。织物面料足球鞋确实带给我们前所未有的赤足体验，但其突出的问题在于制作成本高，售价高昂，发力感一般，耐用度不足。还有一些入门级足球鞋也使用织物，但那种织物就是俗称的“布面”，是编织致密的纤维布，造价低，但包裹感、支撑性、发力感和耐用度都较差。

4. 袋鼠皮

这是最具标志性的足球鞋面料，曾经很长一段时间袋鼠皮是顶级的足球鞋象征，至今还有部分人认为非袋鼠皮足球鞋都不算顶级，甚至不算真正专业足球鞋。袋鼠皮的特性是软、薄、韧、透气、防水性能相对更好，是地球上公认的最佳天然皮革，应用在对抗激烈、撕扯强度高、要求更好触感、防水、透气性能的足球鞋上最合适不过。但由于袋鼠本身体型不大，而且是好斗动物，原皮会有很多伤痕，可用于制作足球鞋的部分就不多，再加上仅有澳洲出口袋鼠皮，所以袋鼠皮足球鞋的生产成本较高，售价较为昂贵。袋鼠皮的缺点也体现在过于柔软容易坍塌或过度延展，也就是使用之后容易变形或越穿越大，包裹感大大降低，而且容易开胶，本身过于柔软且天然皮革与胶水的化学特性差异大，不太兼容。用天然皮革做的足球鞋不适宜雨天穿，因为天然皮革泡水后会出现颜色剥落、松散、老化的状况。

7.3 55℃杯子中的三水醋酸钠

55℃杯（见图7-5）成了2015年的开年话题。与普通杯子不一样的地方就是，55℃杯的不锈钢夹层中贮存了一种微米级传热材料——三水醋酸钠，质量分数为92%的该物质作为储热剂，5%的十二水磷酸氢二钠作为形核剂，3%的明胶作为增稠剂，其相变温度大约正好55℃！这就是所谓的高科技产品，其实一大类融盐的相变温度都在50～60℃范围内。其实它就是一个杯子，比普通杯子成本多加几元钱。55℃杯关键就是三水醋酸钠。三水醋酸钠的化学、物理和毒性性质尚未经完整的研究。

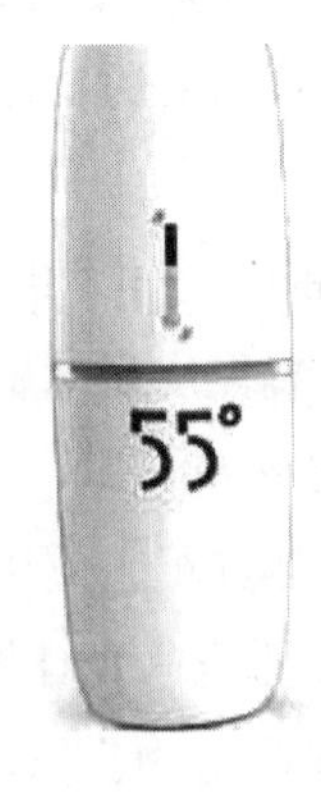

图7-5　55℃杯

7.4 马桶的材质

如果家里的马桶大便冲完水都有“残余”，那几乎可以认定是马桶的问题。像不粘锅的涂层一样，陶瓷马桶也需要一层能使其更加易于清洁的涂层，那就是——釉！

釉是一种硅酸盐，陶瓷器上所施加的釉一般以石英、长石、黏土为原料，经研磨、加水调制后，涂覆于坯体表面，经高温焙烧而熔融，温度下降时，形成陶瓷表面的玻璃质薄层。它在陶瓷马桶上使用可增加机械强度，防止液体、气体侵蚀，增加美观度，而且便于清洁。

现在市场上看到的各种马桶，几百元和几千元的价格差距往往都体现在了釉面上。好的釉面不仅结实耐用，而且极易清洁，用水一冲或抹布一擦就光泽如新，而质量较差的马桶陶瓷釉面，就容易出现粘“残余物”的情况。

如何鉴别釉面的优劣？有以下四个要点。

(1)“看”　一般优质的马桶釉面应该厚实光洁有顺滑感，温润如玉，以半透明质感为佳。档次较低的马桶，光泽会比较黯淡，釉面有较多针眼、斑点、磕碰、裂纹和缺釉缺陷，外观会有轻度变形。

(2)“敲”　挑选马桶时可以用手敲一下，如果声音清脆，说明釉面没有裂痕，而声音沙哑的马桶则很可能有“伤”在身。

(3)“摸”　用手轻轻抚摸马桶的内表面，如果没有凹凸不平的感觉，觉得釉面和坯体都十分细腻，这表明马桶的质量比较好。如果是中低档次的马桶，其表面的釉面和坯体会比较粗糙。

(4)“按”　用手指按一下表面，指纹很快散去的说明釉面涂层不错。

7.5 饮料瓶的秘密

矿泉水瓶的底部都有一个带箭头的三角形，三角形里面有一个数字，如图 7-6 所示。

图 7-6　矿泉水瓶的底部

一般来说，塑料包装制品回收标志由图形、塑料代码与对应的缩写代号组成。其中，图形为带三个箭头的等边三角形，代表回收的意思，其与阿拉伯数字顺序号组合的号码，位于图形中央，分别代表不同的塑料；塑料缩写代号位于图形下方，如图 7-7 所示。也就是说，通过这些数字，就可以知道使用的塑料瓶是什么材质，有什么使用禁忌了。

下面对图 7-7 中的数字进行说明：

图7-7 塑料包装制品回收标志

“1”代表材质为聚对苯二甲酸乙二酯（PET），简称聚酯。PET常用于矿泉水瓶、碳酸饮料瓶、屏幕保护膜及其他透明保护膜等。PET透明度高，可一眼看清；耐酸碱，可装各种酸性果汁、碳酸饮料；防水性高，不易有渗出的情形。若只作为装低温饮料的罐子，则非常的适合，这也是它受到饮料商的青睐，常被用来盛装各种果汁、水、茶等饮料的原因。PET只可耐热至70℃，只适合装暖饮或冻饮，装高温液体、加热则易变形，有对人体有害的物质融出。并且，PET塑料品用了10个月后，可能释放出致癌物DEHP，对睾丸具有毒性。因此，饮料瓶等用完了就丢掉，不要再用来作为水杯，或用来作储物容器盛装其他物品，以免引发健康问题。

“2”代表材质为高密度聚乙烯（PE-HD），缩写代号曾推荐使用HDPE。PE-HD常用于超市购物袋、清洁用品和沐浴产品瓶、白色药瓶、酸奶瓶、口香糖瓶等。PE-HD的耐热度为90～110℃，其硬度、熔点、耐蚀性都较PE-LD（低密度聚乙烯）好，在各种半透明、透明的塑料容器上被广泛使用。因为它较耐各种腐蚀性溶液，所以多被用作清洁用品、沐浴产品等的包装。可在小心清洁后重复使用，但这些容器通常不好清洗，会残留原有的清洁用品，变成细菌的温床，最好不要循环使用。

“3”代表材质为聚氯乙烯（PVC）。PVC常用于雨衣、建材、塑料膜、塑料盒等，很少用于食品包装。PVC 无色透明，耐热度为 60~80℃，具有高强度、耐气候变化性以及较好的耐蚀性。由于 PVC 可塑性优良，价钱便宜，故使用很普遍。PVC 过热易释放各种有毒添加剂，因此较少用于包装食品。如果使用，千万不要让它受热，不要循环使用。

“4”代表材质为低密度聚乙烯（PE-LD），缩写代号曾推荐使用 LDPE。PE-LD 常用于保鲜膜、塑料膜等，一般不作为饮料容器。PE-LD 的耐热度为 70~90℃，耐腐蚀、耐酸碱，过热易产生致癌物质。PE-LD 的耐热性不强，PE-LD 保鲜膜在温度超过 110℃时会出现热熔现象，留下一些人体无法分解的塑料制剂。因此，食物入微波炉，先要取下包裹着的保鲜膜。

“5”代表材质为聚丙烯（PP）。PP 常见用于微波炉餐盒、豆浆瓶、优酪乳瓶、果汁饮料瓶等。其耐热度为 100~140℃，耐酸碱、耐化学物质、耐碰撞、耐高温，在一般食品处理温度下较为安全；熔点高达 167℃，是唯一可以放进微波炉的塑料盒，可在小心清洁后重复使用。然而，有一些微波炉餐盒，盒体用 PP 制造，但盒盖却用 PE 制造，由于 PE 不能承受高温，故不能与盒体一并放进微波炉。

“6”代表材质为聚苯乙烯（PS）。PS 常用于碗装泡面盒、快餐盒。其耐热度为 70~90℃，吸水性、安定性好，耐酸碱溶液（如橙汁等），在高温下容易释出致癌物质，不宜盛装酒精、食用油类。PS 又耐热又抗寒，但不能放进微波炉中，以免因温度过高而释出化学物质。PS 还不能用于盛装强酸（如柳橙汁）、强碱性物质，因为会分解出对人体不好的化学物质。

“7”代表材质为其他类（OTHER）。其他塑料包括美耐皿、ABS 树脂（ABS）、聚甲基丙烯酸甲酯（PMMA）、聚碳酸酯（PC）、聚乳酸（PLA）、尼龙与玻璃纤维强化塑料，常用于水壶、水杯、奶瓶。以 PC 奶瓶为例，在高温环境下，会释放出有毒物质双酚 A，所以对PC奶瓶正确消毒非常重要。另外，由于塑料奶瓶在反复使用，并且多次消毒以后会磨损老化，此时溶出的双酚A也会增多，因此医生提醒家长奶瓶最多用8～12月。

7.6 微波炉可加热的器具

现代都市人的生活节奏越来越快，凡事都讲求便捷高效，就连吃饭也不例外。于是微波炉这种可以快速加热食物的电器就成了家家户户甚至是办公室里的标配。

1. 微波炉加热原理

一些物体内部含有可自由振荡的有电极性的分子，这些物体在高频振荡的微波电磁场作用下，内部的自由电极性分子会随电磁场的振荡而振动（尤其是水分子，对微波响应强烈），于是物体的内能迅速增加，通俗来讲就是变热了。因此那些本身就含有自由极性分子的食物可以被微波直接加热；而其他食物只要与水均匀混合，也可以间接地被微波加热。

2. 微波炉用器皿的材质要求

1）微波穿透能力强。

2）耐高温。

3）符合食品安全要求。

3. 金属器具

金属具有很强的电磁屏蔽能力，金属器具会将食物与微波隔离开，从而使微波无法作用于食物中的极性分子，也就不能达到加热食物的目的。另一方面，金属内部的自由电子在振荡的电磁场中会快速移动，如果金属器皿有锋利边缘或是表面粗糙度达到一定程度就会产生放电火花。

4. 玻璃器具

玻璃制品具有良好的微波穿透性能、化学性质稳定。在选择微波炉用玻璃器具时，主要应考虑的是其耐热性能。市面上常见的玻璃器皿主要有耐热玻璃、普通玻璃和钢化玻璃三类。

耐热玻璃多半是硼硅玻璃、微晶玻璃。这种玻璃热膨胀系数小，具有良好的耐高温和耐急冷急热变化的特性，适宜用作厨房中的食品加工容器，可以直接放入微波炉中使用。其中，微晶玻璃等超低热膨胀系数的耐热玻璃的热冲击强度可达400℃以上，主要用于直接明火加热和用于微波炉加热食物；硼硅玻璃等热冲击强度为120℃以上，主要用于不直接明火的加热烹饪场合，如烤箱、微波炉。

普通玻璃耐热性能是不错的，但是抵抗温度骤变的能力差。在吃火锅时，服务生都会提醒我们装有冰啤酒的玻璃杯是不能放到火锅旁边的。经验告诉我们，用在室温下放置的普通玻璃碗盛放牛奶在微波炉中短时加热是安全的；但是，由于普通玻璃抵抗温度骤变的能力差，普通玻璃器具用于微波炉加热食物是有风险的。

5. 陶瓷器具

陶瓷的微波穿透能力和热学性能都能满足微波炉用具的要求，但是，并不是所有陶瓷器具都能用于微波炉加热食品。

1）带金属丝装饰的不行，会产生放电火花，原理在前面已经解释过，作者也亲眼看过同事把自己带金边装饰的陶瓷杯放到微波炉里加热产生火花的“壮观场景”。

2）容器内有彩色花纹的陶瓷器具也不适用于微波炉。通常彩色颜料会在高温下溢出有毒成分，因此彩色的陶瓷器具不适用于盛放热的食物。

6. 塑料器具

市面上常见的塑料器具有 PET、HDPF、PVC、LDPE、PP、PS、PC 等材质的，其中只有 PP 是可以用于微波炉加热的。

7.7 安全奶瓶

奶瓶的材质主要分为塑料、玻璃、硅胶三大类。其中，塑料又分为 PC（已淘汰）、PP、PE、PES、PPSU 等，硅胶分为普通全硅胶材质及纳米银抗菌硅胶材质。

1. PC 奶瓶

PC 是聚碳纤维的缩写代号，俗称太空玻璃。PC 奶瓶的重量轻，不易碎，透明度高，适合外出及较大宝宝自己拿用，但经受反复消毒后“耐力”就不如玻璃制的了。高温消毒（超过 100℃高温）容易释放扰乱内分泌的致癌化学物质双酚 A，已被淘汰使用。

2. PP 奶瓶

PP 是聚丙烯的缩写代号，半透明，轻巧耐摔，易清洗，不含双酚 A，广泛用于制作奶瓶、餐具等。PP 材质是世界上公认的用来制作食物容器的安全材质，材质韧性好，耐摔，抗冲击性非常强；但是，PP 寿命短，长期耐高温时间短。

3. PE&PES 奶瓶

PE 是聚乙烯的缩写代号，PES 是几类聚乙烯缩写代号的统称。两者都是聚乙烯材质，相比于以前的 PC 略显黄色，但因 PE&PES 奶瓶透明度比 PP 奶瓶好，所以其价格比 PP 奶瓶要贵一些；安全性同 PP 奶瓶，110℃以下使用基本是安全的。

4. PPSU 奶瓶

PPSU 是聚苯砜的缩写代号，是一种高端的奶瓶材质。PPSU 为一种耐热性极佳的材质，耐热温度高达 207℃，可以反复高温煮沸，PPSU 材质具有极优良的抗药性及抗酸碱性，可承受一般药水及洗洁剂清洗，不会产生化学变化。PPSU 奶瓶经检验证实不含双酚 A 毒素，兼具玻璃奶瓶的无毒、PC 奶瓶的轻盈及摔不破的三大优越特性。理论上 PPSU 是最理想、最安心的奶瓶材质。

5. 玻璃奶瓶

玻璃奶瓶采用高级耐热玻璃制成，材质安全不含致癌物质，透明度高，遇酸性或碱性物质不会释放出有害物质。但玻璃奶瓶易碎，所以适合喂养初生婴儿，由爸爸妈妈握着喂养。

6. 硅胶奶瓶

硅胶奶瓶采用液体硅胶（LSR）制成，瓶身较软，轻巧耐用，易吮吸，不易老化，耐热，耐化学腐蚀，不易碎裂，材质安全，但价格高，不易清洗。

7. 不锈钢奶瓶

不锈钢的优点是耐用，不锈钢作为一种耐用材料不会被敲碎，也不会因热胀冷缩而碎裂且易清洁。不锈钢作为奶瓶材质中比较新的“一员”，目前并不是奶瓶的主流材质。

8. 陶瓷奶瓶

继玻璃奶瓶之后，有厂家推出与之接近的陶瓷奶瓶（见图 7-8）。陶瓷奶瓶的特点是安全无毒，相对玻璃奶瓶有一定的保温效果。

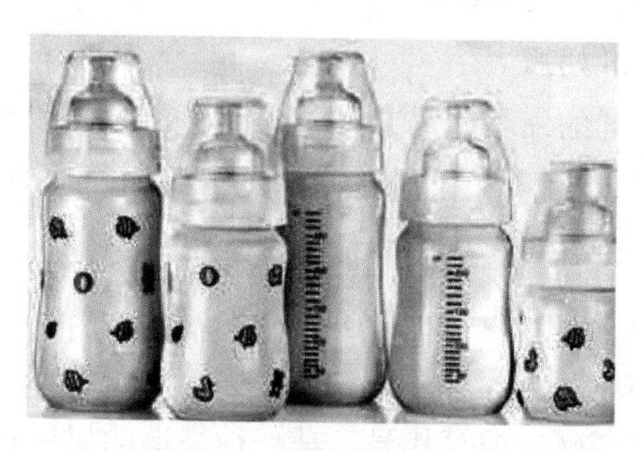

图 7-8　陶瓷奶瓶

7.8 安全水杯

喝水是仅次于吃饭的人生第二件大事，喝水的杯子则直接关系

到这件人生大事！

（1）塑料杯 塑料杯是不受欢迎的一种制品。因为塑料中常添加增塑剂，其中含有一些有毒的化学物质，用塑料杯装开水的时候，有毒的化学物质就很容易稀释到水中。并且，塑料的内部微观构造有很多的孔隙，容易隐藏污物，清洗不干净，就容易滋生细菌。因此，在选购塑料杯时，一定要选择符合国家标准的食用级塑料所制的水杯。不是所有塑料杯都适合当水杯，在选购时一定要认准是否有 QS 标志，同时在杯子的底部有一个小三角形的符号，这是它们的身份证。

（2）一次性纸杯 一次性纸杯，只是看起来卫生、方便，其实产品合格率无法判断，是否干净、卫生，用肉眼也无法辨识。有的纸杯生产厂家为使杯子看上去更白，加入了大量荧光增白剂，而就是这种荧光物质可使细胞产生变异，一旦进入人体就会成为潜在的致癌因素；而且从环保的角度来讲，还是应该尽可能少用一次性纸杯。

（3）不锈钢杯 不锈钢杯属于合金制品，使用不当会使其中所含的重金属物质释放出来，危害健康。

在日常使用中，用不锈钢杯盛普通水问题不大，但不要长时间盛装酸性饮品，如果汁、碳酸饮料等，因为容易析出重金属物质，这样即使再用来喝普通的水也不安全了。

（4）陶瓷杯 陶瓷杯分为无彩釉涂染的陶瓷杯和有彩釉涂染两种。无彩釉涂染的陶瓷杯，尤其是内壁要无色，是喝水的首选。这种陶瓷杯不仅材质安全，能耐高温，还有相对较好的保温效果，喝热水或喝茶都可以。有彩釉涂染的陶瓷杯上那些五颜六色的图案，其实是一种颜料，可能藏着安全隐患。如果这种陶瓷杯内壁涂有釉，当杯子盛放开水或者酸、碱性的饮料时，这些颜料中的铅等有毒重金属元素就容易溶解在液体中，人们饮进带有重金属元素的液体，就会对人体造成危害。

（5）搪瓷杯　搪瓷杯是经过上千摄氏度的高温搪化后制成的，不含铅等有害物质，可以安全使用。虽然搪瓷杯含有的金属物质比较稳定，但在酸性环境下有可能溶出。因此，最好不要用搪瓷杯长时间盛放橙汁等酸性饮品，不然再盛放普通的水也会含有金属物质。此外，搪瓷杯磕碰后表面易破损，会析出有害物质，不应该再使用。

（6）玻璃杯　玻璃杯在烧制的过程中不含有机的化学物质，当人们用玻璃杯喝水或其他饮品的时候，不必担心化学物质会被喝进肚里去；而且玻璃表面光滑，容易清洗，细菌和污垢不容易在杯壁滋生。在所有材质的杯子里，玻璃杯应是最安全的。

7.9 菜刀的材质

市面上菜刀品牌种类繁多，在选择刀具时要注意以下几点：①刀刃锋利、平直、无缺口，首先从用户的角度来讲，对菜刀的第一要求肯定是锋利，最好是持久的锋利；②使用舒适，刀柄设计要人性化，拿握舒适；③使用安全，刀柄要有防滑设计，不会脱手伤及使用者。

（1）碳钢刀　传统的中式厨刀都是碳钢做的，而且因为微观组织的差异，碳钢刀比不锈钢刀更容易磨得锋利，它的切割力好。

（2）合金钢刀　一些高端的合金钢材在家庭使用有些性能浪费。家庭菜刀常用的中端钢材有 W18Cr4V，这是一种保持性很好的钢材。

（3）不锈钢刀　马氏体型不锈钢是家用厨刀的主流。30Cr13 是最低端的厨刀钢材，30Cr13 中碳的质量分数为 0.3%，铬的质量分数为 13%，Cr 前的数字代表了钢材的含碳量，含碳量越多刀越硬，价格也相对更高。由于 30Cr13 中没有加入钼和钒，所以保持性不如 30Cr13MoV。

（4）陶瓷刀　陶瓷刀的特点是硬度非常高，而且性质稳定，不会跟食材起反应，永不生锈。但陶瓷刀的缺点是很脆，很容易崩口，绝不要用这种刀去砍东西。

7.10　锅具的材质

做饭的人们都非常喜欢各种各样的锅具，用锅的选择不能总是跟着感觉，面对厨房里面的各式各样的锅具，如何选择其实大有学问。锅具一般分为铝锅、铁锅、不锈钢锅、搪瓷锅、不粘锅、铜锅、钛锅、砂锅、麦饭石炒锅等。

（1）铝锅　铝质轻不生锈，传热快，光洁度高，物美价廉，因此常被用来制作炊具。铝在空气里很容易氧化生成氧化铝薄膜，氧化铝薄膜不溶于水，却能溶解于酸性或碱性溶液中，盐也能破坏氧化铝薄膜。如果将汤、菜长期放在铝制容器里，不仅会毁坏铝制品，而且汤菜里会溶进较多的铝分子。这些铝分子和食物发生化学变化，生成铝的化合物。如果只用铝锅（见图7-9）煮饭，不至于溶出铝；但若用来炖煮，就要小心别使用醋酸、柠檬酸等酸性调味料。

图7-9　铝锅

（2）铁锅　铁锅（见图7-10）是我国的传统厨具，主要成分是铁。传统的铁锅在材质上不含有其他特殊的化学物质，抗氧化能力比较强，因此在烹饪的过程中不会产生不宜于食用的溶出物。即使有铁离子溶入食物中，人在食用后也可以吸收铁元素，铁元素可用于合成血红蛋白，因此用铁锅炒菜做饭可防止缺铁性贫血。同时铁锅十分的坚固耐用、受热均匀，在加热方面效果出众。铁锅最大的不足是容易生锈，而铁锈若不小心被人体摄入会对肝脏产生损害，因此铁锅不宜盛装食物过夜，尽量不要用铁锅煮汤，以免铁锅表面保护其不生锈的食油层消失。一般市面上的铁锅产品还会细分为生铁锅和精铁锅，两者在特性上存在一些区别：①生铁锅适合慢炒，铁质非常纯净，可以健康地补铁，通常情况下的设计是底厚壁薄，当火的温度超过200℃时，生铁锅通过散发一定的热能，将传递给食物的温度控制在230℃左右，比较易于掌控火候，可以用来慢炒；②精铁锅适合猛火爆炒，是用冷轧薄钢板（俗称黑铁皮）锻压或手工锤打制成的，其表面通常经过了多次处理，锅体更加轻薄，且可将火焰的温度直接通过锅传递给食物。

图 7-10　铁锅

（3）不锈钢锅　相比铁质炒锅，不锈钢锅的重量会轻盈一些，而坚固程度却不会打丝毫折扣，可以说很好地达到了热量、重量与质量三者的平衡。除此之外，不锈钢锅不易生锈，而且不会藏污纳垢，在清洗的时候能够大大降低工作量，时常清洁并且方法得当的话，锅体能够长时间地保持美观。餐具使用的不锈钢中铁的质量分数为 72%，铬的质量分数为 18%，镍的质量分数为 10%，称为 18/10 医用不锈钢，耐蚀性很强。但市场上便宜的不锈钢锅多为不合格产品，合金比例混乱，比较贵的镍含量不足而用锰替代。购买不锈钢炊具时，要尽量选用 18/10 医用不锈钢材料做的锅。

（4）搪瓷锅　涂在搪瓷锅外层的实际上是一层珐琅质，含有硅酸铝一类的物质，因此搪瓷锅不要用来炒菜。这是因为翻炒的碰撞摩擦，极易造成破损，使硅酸铝一类的物质转移到食物中去。购买搪瓷锅（见图 7-11）时，最好不要选购有艳丽颜色的搪瓷锅，如红色、橘黄色等，这些颜色往往会含有镉等金属。

图 7-11　搪瓷锅

（5）不粘锅　普通不粘锅（见图 7-12）的涂层其实是一层“特富龙”薄膜，厚度在 0.2mm 左右，如果干烧或油温达到 300℃左右，这层薄膜就会受到破坏，一些重金属成分就会释出，对人体有害。一般炒菜时，温度不会过高，但如果烹制煎炸食品，锅的温度就可能超过 260℃，很容易导致有害成分分解。用涂层锅炒菜，不要用铁铲子，以防破坏不粘涂层。

（6）铜锅　铜锅有着绝佳的导热功效，炒菜时受热均匀而且快

图 7-12　不粘锅

速，可以保证在上部的食材也能受到接近锅底的温度，很好控制火候并且在一定程度上减少翻炒动作。但是铜锅价格昂贵，重量较大。我们见到最多的铜锅，应该是老北京涮肉用的铜火锅（见图 7-13）。

图 7-13　铜火锅

（7）钛锅　钛金属表面生有一层牢固的氧化钛化合物薄膜，化学性质极其稳定。钛锅在烹饪时不与食材发生化学反应，所以能烹饪出食材的原汁原味。纯钛锅是唯一可以用来煎中药的金属锅。

（8）砂锅　砂锅分为紫砂锅、土砂锅两类，一般用于餐饮的是紫砂锅（见图7-14），煎中药用的是土砂锅（见图7-15）。

图7-14　紫砂锅

图7-15　土砂锅

（9）麦饭石炒锅　麦饭石炒锅是使用纯天然的麦饭石材质制成的。由于麦饭石中富含多种元素，因此在使用麦饭石炒锅时，能够析出钾、铁、镁、锰、铅、硅、碘等微量元素和矿物质。长期使用麦饭石炒锅，可以促进人体生理代谢功能，有益于人的身体健康。

7.11　饭碗的材质

（1）陶瓷饭碗　陶瓷饭碗（见图7-16）造型多样，细腻光滑，色彩明丽且便于清洗，是绝大多数家庭购买餐具的首选。但是，陶瓷表面上的彩釉却有可能成为健康杀手，彩釉中的铅、汞、镭、镉等都是对身体有害的元素。制作陶瓷的黏土含微生物和有害物质较多，即使不上彩釉也会损害人体健康。购买陶瓷饭碗时不要选择颜色过于鲜艳的陶瓷，因为色彩鲜艳，说明厂家向釉彩里加入了一些重金属添加剂，很容易重金属超标。

图 7-16 陶瓷饭碗

（2）不锈钢饭碗 不锈钢饭碗如图 7-17 所示。虽然铬离子对人

图 7-17 不锈钢饭碗

体有害，特别是高价铬离子，但不锈钢饭碗上的铬是金属态的，铬又是非常稳定的金属，不易腐蚀，一般的酸不会与之反应。所以，不锈钢饭碗还是安全的。

（3）铝合金饭碗　铝合金饭碗往往会有铝屑脱落，遇酸或碱性物质即可形成铝离子进入食物，再随食物进入人体。研究发现，铝在人体内积累过多，可能会引起智力下降、记忆衰退，以及老年痴呆，所以尽量不要使用铝饭碗。

参考文献

[1] 技能士の友编集部．金属材料常识［M］．李用哲，译．北京：机械工业出版社，2009.

[2] 中国机械工程学会热处理学会．热处理手册：1~4卷［M］．4版修订本．北京：机械工业出版社，2013.

[3] 刘鸣放，刘胜新．金属材料力学性能手册［M］．2版．北京：机械工业出版社，2018.

[4] 崔忠圻，覃耀春．金属学与热处理［M］．2版．北京：机械工业出版社，2007.

[5] 祝燮权．实用金属材料手册［M］．3版．上海：上海科学技术出版社，2008.

[6] 刘贵民，马丽丽．无损检测技术［M］．2版．北京：国防工业出版社，2010.

[7] 宋金虎，胡凤菊．材料成型基础［M］．北京：人民邮电出版社，2009.

[8] 孙玉福．新编有色金属材料手册［M］．2版．北京：机械工业出版社，2016.

[9] 刘胜新．新编钢铁材料手册［M］．2版．北京：机械工业出版社，2016.

[10] 王英杰，张芙丽．金属工艺学［M］．北京：机械工业出版社，2010.

[11] 唐世林，刘党生．金属加工常识［M］．北京：北京理工大学出版社，2009.

[12] 潘继民．神奇的金属材料［M］．北京：机械工业出版社，2014.

[13] 陈加福，陈永．不可不知的化学元素知识［M］．北京：机械工业出版社，2013.

[14] 田中和明．金属全接触［M］．乌日娜，译．北京：科学出版社，2011.

[15] 陈永．金属材料常识普及读本［M］．2版．北京：机械工业出版社，2016.